小型水库管理实用手册

水利部建设与管理司
水利部建设管理与质量安全中心
编著

中国水利水电出版社
www.waterpub.com.cn

内 容 提 要

本书主要介绍小型水库管理的基本知识、法律法规、技术要求和操作实务，涵盖了小型水库管理工作中有关制度建设、调度管理、检查观测、维修养护、抢险技术、库区管理、应急管理等主要环节的内容，并附有相关附录及案例，内容全面系统，实用性强。

本书主要供小型水库管理单位和主管部门有关从业人员使用，也可作为相关专业科研、设计、施工和教学人员的参考用书。

图书在版编目（CIP）数据

小型水库管理实用手册/水利部建设与管理司，水利部建设管理与质量安全中心编著.—北京：中国水利水电出版社，2015.9（2016.9 重印）

ISBN 978 - 7 - 5170 - 3666 - 1

Ⅰ.①水…　Ⅱ.①水…②水…　Ⅲ.①小型水库-水库管理-手册　Ⅳ.①TV697.1 - 62

中国版本图书馆 CIP 数据核字（2015）第 223875 号

书　　名	**小型水库管理实用手册**
作　　者	水利部建设与管理司　水利部建设管理与质量安全中心　编著
出版发行	中国水利水电出版社
	（北京市海淀区玉渊潭南路 1 号 D 座　100038）
	网址：www. waterpub. com. cn
	E - mail：sales@ waterpub. com. cn
	电话：（010）68367658（营销中心）
经　　售	北京科水图书销售中心（零售）
	电话：（010）88383994、63202643、68545874
	全国各地新华书店和相关出版物销售网点
排　　版	中国水利水电出版社微机排版中心
印　　刷	北京嘉恒彩色印刷有限责任公司
规　　格	170mm×240mm　16 开本　13.25 印张　252 千字
版　　次	2015 年 9 月第 1 版　2016 年 9 月第 3 次印刷
印　　数	6001—10000 册
定　　价	**45.00 元**

凡购买我社图书，如有缺页、倒页、脱页的，本社营销中心负责调换

《小型水库管理实用手册》
编写委员会

主　　任　　孙继昌　　段红东

副 主 任　　徐元明　　匡少涛

主　　编　　夏明勇　　张文洁

编写人员　　范连志　　施俊跃　　王　健　　朴哲浩

　　　　　　陆　波　　王　雷　　张秀标　　王　忠

　　　　　　王　良　　王　斌　　王　莹　　徐广昌

序

我国现有小型水库 9.3 万余座，占水库总数的 95%，是我国水利工程体系的重要组成部分，是服务"三农"的重要基础设施。近年来，随着大规模病险水库除险加固的实施，大多数小型水库消除了安全隐患，自身安全状况明显改善，在完善防汛抗旱减灾体系、保障供水安全、改善人民群众生产生活条件、促进地方经济社会发展等方面发挥了不可替代的作用。

自 2002 年起，我国启动实施了水利工程管理体制改革，国有水库管理体制和良性运行机制基本建立，人员基本支出和维修养护经费基本落实，管护责任得以明确。2013 年 3 月，按照 2011 年中央 1 号文件要求，水利部、财政部启动实施了深化小型水利工程管理体制改革，要求对包括县级及以下管理的小型水库在内的小型水利工程明晰工程产权，落实管护主体和责任，对公益性小型水利工程管护经费给予补助，探索社会化和专业化的多种水利工程管理模式，建立科学的管理体制和良性运行机制，为强化我国小型水库管理、充分发挥水库效益创造了有利条件。

为进一步加强小型水库安全运行管理，全面推进小型水库管理规范化、制度化，根据《水库大坝安全管理条例》等法律法规和相关规章制度、技术标准，结合多年来的管理实践，水利部组织有关专家编写了《小型水库管理实用手册》。本书注重政策规定和实用方法的介绍，旨在通过阐述小型水库日常管理、调度管理、检查观测、维修养护、抢险技术、应急管理等几方面的工作要求和方法，为广大小型水库管理人员提供可靠的指导和参考，具有较强的理论性和实用性。

我相信，它的出版和应用，必将为进一步提高我国小型水库管理工作者素质、促进我国小型水库安全运行管理水平发挥重要作用。

是为序！

2015 年 6 月

前　言

　　小型水库是我国水利工程体系的重要组成部分，在防洪、灌溉、供水、发电、养殖等方面发挥了巨大的作用，特别对促进我国农村经济发展发挥了重要作用，为提高人民生活水平、保障社会稳定作出了重要贡献。

　　小型水库大多建设于 20 世纪 50—70 年代，由于当时的建设条件所限，运行管理经费缺乏，管理相对粗放，技术人员匮乏，致使大量水库老化失修、病险严重，安全隐患突出。1998 年以来，中央和地方不断加大投入力度，开展了大规模的病险水库除险加固建设，仅中央补助资金加固的小型水库近 3 万座，各地还自筹资金加固了一批小型水库。除险加固后的水库消除了安全隐患，安全管理设施得到有效改善，发挥了巨大的社会效益和经济效益，成效十分显著。在新的条件下，如何科学规范地管理好小型水库，保障水库安全，更好地发挥水库自身效益，支撑经济社会持续发展，成为目前水库管理工作亟须解决的重大课题。

　　当前，小型水库由于管理投入不足，在管理体制、检查观测、维修养护、调度运用等方面都不同程度存在着许多薄弱环节。为进一步提高小型水库管理水平，提高小型水库管理人员业务素质，规范小型水库的管理行为，使水库的运行管理工作能科学合理地进行，受水利部建设与管理司委托，水利部建设管理与质量安全中心在广泛收集资料、总结实践经验的基础上，结合小型水库管理现状，编写了《小型水库管理实用手册》一书。本书力求在依据目前国家法律法规和技术标准的前提下，涵盖小型水库管理工作中的有关制度建设、调度管理、检查观测、维修养护、抢险技术、库区管理、应急管理等主要环节的内容，并辅以典型案例，尽量反映上述领域较新的技术与管理水平。相信本书的出版能够对小型水库管理人员和水库主管部门的人员有所帮助，对进一步提高小型水库管理水平、保障小型水库安全运行起到积极作用。

由于水平所限，书中疏漏之处，诚请广大读者批评指正。

编者

2015 年 6 月

目　录

1 管理现状

　　我国地域辽阔，地处温、亚热两大气候带，河流众多，地形复杂。自然条件相差悬殊、水文气象各异，年降水时空分布不均，年内降雨主要集中在夏季，大部分地区汛期连续四个月降雨量占全年的70％左右；东南部多年平均降雨量高达1600mm，而西北地区有的地方降雨量甚至少于50mm。全国多年平均水资源总量仅2.84万亿m^3，人均水资源量只有世界人均占有量的1/4，是一个水资源贫乏的国家。我国特殊的地理、地形和气候条件，决定了我们必须建设并依靠水库大坝等基础设施，对自水资源进行科学合理调节，有效开发利用水资源和防治水患。新中国成立以来，在党和政府的带领下，我国开展了大规模水利建设，建成数以万计座水库。根据最新全国水利普查数据，目前全国共有水库98002座，其中小型水库93308座，占水库总数的95.2％。数量众多、分布广泛的小型水库，是水利工程体系和农业基础设施的重要组成部分，不仅保护下游人民群众生命财产安全，同时是农业灌溉和农村安全饮水的重要水源，直接为"三农"服务，在改善农民生产生活条件、保障农村经济持续稳定、促进社会主义新农村建设中发挥着不可替代的作用。

　　我国水库管理，实行从中央到地方分部门、分级负责的管理体制。国务院水行政主管部门会同有关主管部门，行使全国水库大坝安全管理的行政管理职能；县级以上地方人民政府水行政主管部门会同有关主管部门，行使本行政区域内水库大坝安全管理的行政管理职能，对水库大坝安全实施监督。

　　我国绝大多数小型水库兴建于20世纪50—70年代，限于当时经济状况和实施条件，普遍存在工程标准低、建设质量差等问题。经数十年运行，老化失修严重，病险问题十分突出，不仅水库作用和效益难以正常发挥，而且对广大人民群众生命财产安全构成严重威胁。进入21世纪以来，按照党中央、国务院的统一部署，开展了大规模的病险水库除险加固工作。按照相关规划目标，到2015年底，全国将有超过5万余座小型病险水库得以除险加固。

　　2002年9月，国务院办公厅转发了由原国务院体改办会同有关部门制定的《水利工程管理体制改革实施意见》（国办发〔2002〕45号，以下简称《实施意见》），在全国范围内启动实施了水利工程管理体制改革（以下简称水管体制改革），国有小型水库按照要求已经完成改革任务。此外，许多地方还根据《实施意见》和水利部《小型农村水利工程管理体制改革实施意见》（水农〔2003〕603号）的精神，积极开展小型水库管理体制改革的探索与实践，如贵州省全部小（1）型水库纳入水管体制改革，成立了水管单位，负责工程的运行管理，落实了两项经费，完成了改革任务；江苏省县水利部门直接管理的23座水库设有专门管理机构，其余837水库均落实了1～2名管护人员，并签订了管护协议，明确了管护内容和职责，管护经费由省、市、县三级财政负担；河南省将一些小型水库租赁给个体户经营管理，调动了广大农户投入水利的积极性。

2013年3月，水利部、财政部联合印发了《关于深化小型水利工程管理体制改革的指导意见》（水建管〔2013〕169号，以下简称《指导意见》），对未实施水管体制改革的小型水库全部纳入改革范围。《指导意见》要求继续深化小型水库管理体制改革，明晰工程产权，落实管护主体和责任，落实管护经费，探索社会化和专业化的多种工程管理模式，建立科学的管理体制和良性运行机制，确保小型水库安全运行和效益充分发挥。对于以农村集体经济组织投入为主和社会投资为主、涉及公共安全的小型水库，条件允许的可以按照国家规定办理相关手续，将工程划归县、乡（镇）人民政府所有，落实安全管理责任；对于工程所有权难以清晰界定的小型水库，可以将工程所有权与使用权分离，由县、乡（镇）人民政府应先行落实工程使用权和管理权；对于安全风险较大、所有者无力承担安全管理责任的，也可以由政府直接指定工程运营管理单位、人员进行管理。

对小型水库的管理模式，《指导意见》要求既要发挥政府的主导作用和担负公共利益、公共安全的责任，也要鼓励和支持广大农民群众和社会各界的参与，要根据不同类型工程特点，因地制宜、积极探索专业化集中管理及社会化管理等多种管护方式。专业化集中管理模式，是按区域或水系组建专门的管理单位对多个小型水库实行集中管理，或通过划归或委托代管等方式，由现有的国有大中型水库管理单位实行专业化管理；社会化管理模式，是在县级水利部门或乡镇水利服务站指导下，采取承包、租赁、股份合作等方式，由农村集体经济组织、用水户协会、个人对小型水库进行管理。采取社会化管理模式的小型水库，水利部门应加强指导和监管，有效防止农业用水浪费和掠夺式经营，确保工程安全、公益属性和生态保护。政府所有的小型水库，为确保工程安全和公益性功能的发挥，不宜采取承包、租赁、拍卖等社会化管理模式。

《指导意见》印发后，各地积极推进深化小型水库管理体制改革试点工作，一些地方还专门出台了小型水库管理体制改革的相关政策，在小型水库管理体制方面进行了进一步的有益探索。如海南省人民政府出台了《关于深化小型水库管理体制改革的指导意见》，要求将由村、镇（乡）管理的小型水库全部收归市县（区）统一管理，有关经费纳入本级财政预算，落实小型水库管护人员和安全管理职责；山东省水利厅、财政厅联合印发了《小型水库管理体制改革实施方案》，明确了小型水库管护经费投入和管理人员聘用的具体标准，要求各级财政加大小型水库管护经费投入的保障力度，落实管护机构和管护人员，并鼓励通过"市场运作，政府购买服务"模式开展工程维修养护；随着农村土地流转的逐步深入，一些地方将部分小型水库使用权也流转给农村新型经营主体或种粮大户所有，签订管理合同，要求其在确保工程的安全、保证原有功能和水权利益的前提下，在土地流转期内负责工程的运行管理和维修养护。

2 管理制度

2.1 安全管理基本制度

2.1.1 大坝安全管理责任制

按照《水库大坝安全管理条例》规定，水库安全管理实行政府行政领导负责制，明确责任主体，落实安全责任。小型水库安全管理的责任主体包括相应的地方人民政府、水行政主管部门、水库主管部门或水库所有者（业主）及水库管理单位；农村集体经济组织所有的小型水库，所在地的乡镇人民政府承担其主管部门的职责。因此，小型水库应确定一名相应的政府行政领导为安全责任人，对水库安全负总责，协调有关部门做好水库安全管理工作，包括建立管理机构、配备管理人员、筹措管理经费、组织抢险和除险加固等；水库主管部门或所有者（业主）负责组织水库管理单位进行大坝注册登记、安全鉴定、管理人员培训、实施年度检查、除险加固等，每座小型水库要确定一名技术责任人；水库管理单位负责水库安全管理的日常工作，包括巡视检查、工程养护、水库调度、抢险救灾及水毁工程修复等；无专门管理机构的小型水库，水库主管部门或所有者（业主）应明确管护人员，采取有效的管理方式，将安全管理的日常工作落到实处。除按要求落实各类责任人的具体责任外，还应明确了相应的责任追究制度。

2.1.2 大坝注册登记制度

《水库大坝安全管理条例》规定"大坝主管部门对其所管辖的大坝应当按期注册登记，建立技术档案"，《水库大坝注册登记办法》规定"县一级各大坝主管部门负责所管辖的库容在 10 万～1000 万 m^3 的小型水库大坝"。

凡已建成投入运行符合注册登记要求的水库大坝由管理单位（无管理单位的由乡镇水利站）到指定的注册登记机构申报注册登记，通过注册登记，对水库的基本情况、产权现状、安全状况等逐一查清登记，建立档案。已建成投入运行的水库，不按期申报注册登记的属违章运行，不受法律保护，造成大坝事故或遇到民事纠纷的按有关规定处理。为使水库安全管理工作顺利进行，水库管理单位和有关部门要根据工程管理现状及其变化情况及时做好水库大坝的注册登记、信息变更等工作。

2.1.3 大坝安全鉴定制度

大坝安全鉴定是加强水库大坝安全管理、保证大坝安全运行的一项重要基础工作。《水库大坝安全管理条例》规定"大坝主管部门应当建立大坝定期安全检查、鉴定制度"。为进一步加强水库安全管理，水利部颁布了《水库大坝安全鉴定办法》，明确规定坝高 15m 以上或库容 100 万 m^3 以上水库大坝应当进行安全鉴定，坝高小于 15m 或库容在 10 万～100 万 m^3 之间的小型水库大坝可参照执行。

小型水库主管部门和管理单位应结合实际，按照规定的时限权限、基本程序、主要内容等，组织开展大坝安全鉴定工作。无正当理由不按期鉴定的，属违章运行，导致大坝事故的，按《水库大坝安全管理条例》等法规的有关规定处理。

大坝实行定期安全鉴定制度，首次安全鉴定应在竣工验收后 5 年内进行，以后应每隔 6～10 年进行一次。运行中遭遇特大洪水、强烈地震、工程发生重大事故或出现影响安全的异常现象后，应组织专门的安全鉴定。县级以上地方人民政府水行政主管部门对大坝安全鉴定意见进行审定。大坝安全鉴定包括大坝安全评价、大坝安全鉴定技术审查和大坝安全鉴定意见审定等三个基本程序：

（1）鉴定组织单位负责委托有资质的大坝安全评价单位对大坝安全状况进行分析评价，并提出大坝安全评价报告和大坝安全鉴定报告书。

（2）由鉴定审定部门或委托有关单位组织并主持召开大坝安全鉴定会，组织专家审查大坝安全评价报告，通过大坝安全鉴定报告书。

（3）鉴定审定部门审定并印发大坝安全鉴定报告书。

大坝安全评价应由相应资质的鉴定承担单位完成，主要内容包括工程质量评价、大坝运行管理评价、防洪标准复核、结构安全评价、渗流安全评价、抗震安全复核、金属结构安全评价和大坝安全综合评价等，小型水库可结合工程实际情况，参照《水库大坝安全评价导则》（SL 258—2000）及其他有关规程规范的要求执行。经安全鉴定确定为二类坝或三类坝的病险水库，必须采取应急处理、限制运用、除险加固等措施，三类坝应立即委托有资质的设计单位进行除险加固设计，报有关部门审批立项，组织对水库进行除险加固。

水库除险加固完成后、蓄水运用前，必须按照《水利部关于加强中小型水库除险加固后初期蓄水管理的通知》（水建管〔2013〕138号）和《水利部关于印发加强小型病险水库除险加固项目验收管理指导意见的通知》（水建管〔2013〕178号）要求进行蓄水验收，通过验收后方可投入蓄水运用。

2.1.4 水库降等与报废制度

由于淤积严重或工程病害复杂，有的水库已部分或完全丧失了按原设计标准运行管理的作用和意义或丧失了原有的功能，甚至对下游安全构成极大风险，进行除险加固技术上已不可行，经济上也不合理。对这部分水库应根据《水库降等与报废管理办法（试行）》《水库降等与报废标准》（SL 605—2013）进行降等或报废。

县级以上人民政府水行政主管部门按照分级负责的原则对水库降等与报废工作实施监督管理。水库主管部门（单位）负责所管辖水库的降等与报废工作的组织实施；乡镇人民政府负责农村集体经济组织所管辖水库的降等与报废工作的组织实施。水库降等与报废工作的组织实施部门（单位）、乡镇人民政府，统称为水库降等与报废工作组织实施责任单位。水库降等与报废，必须经过论证、审批等程序后实施。这些程序包括编制论证报告、降等与报废申请、降等与报废审批、降等与报废组织实施、组织验收。经验收后，应当按照《水库大坝注册登记办法》的有关规定，及时办理变更或者注销手续。

1. 水库降等条件

符合下列条件之一的水库，应当予以降等：

（1）因规划、设计、施工等原因，实际工程规模达不到《水利水电工程等级划分及洪水标准》（SL 252—2000）规定的原设计等别标准，扩建技术上不可行或者经济上不合理的。

（2）因淤积严重，现有库容低于《水利水电工程等级划分及洪水标准》（SL 252—2000）规定的原设计等别标准，恢复库容技术上不可行或者经济上不合理的。

（3）原设计效益大部分已被其他水利工程代替，且无进一步开发利用价值或者水库功能萎缩已达不到原设计等别规定的。

（4）实际抗御洪水标准不能满足《水利水电工程等级划分及洪水标准》（SL 252—2000）规定或者工程存在严重质量问题，除险加固经济上不合理或者技术上不可行，降等可保证安全和发挥相应效益的。

（5）因征地、移民或者在库区淹没范围内有重要的工矿企业、军事设施、国家重点文物等原因，致使水库自建库以来不能按照原设计标准正常蓄水，且难以解决的。

（6）遭遇洪水、地震等自然灾害或战争等不可抗力造成工程破坏，恢复水库原等别在经济上不合理或技术上不可行，降等可保证安全和现阶段实际需要的。

（7）因其他原因需要降等的。

2. 水库报废条件

符合下列条件之一的水库，应当予以报废：

（1）防洪、灌溉、供水、发电、养殖及旅游等效益基本丧失或者被其他工程替代，无进一步开发利用价值的。

（2）库容基本淤满，无经济有效措施恢复的。

（3）建库以来从未蓄水运用，无进一步开发利用价值的。

（4）遭遇洪水、地震等自然灾害或战争等不可抗力，工程严重毁坏，无恢复利用价值的。

（5）库区渗漏严重，功能基本丧失，加固处理技术上不可行或者经济上不合理的。

（6）病险严重，且除险加固技术上不可行或者经济上不合理，降等仍不能保证安全的。

（7）因其他原因需要报废的。

2.2　日常运行管理基本制度

依据《水库大坝安全管理条例》《小型水库安全管理办法》等的有关规定，小型水库日常运行管理应建立和落实调度运用、巡视检查、工程监测、维修养护、应急管理、安全生产、技术档案等基本制度，是实现水库管理规范化、制度化的基础，是水库安全运行的制度保障。

2.2.1　调度运用制度

小型水库主管部门和管理单位应依据《水库调度规程编制导则（试行）》，组织编制水库调度运用规程和调度运用计划，按照管辖权限由县级以上水行政主管部门审批。调度运用涉及两个或两个以上行政区域的水库，其编制的调度运用规程和调度运用计划，应由上一级水行政主管部门或流域机构审批。调度规程是水库调度运用的依据，应当明确调度任务、调度原则、调度要求、调度条件、调度方式等。水库主管部门和管理单位负责执行调度指令，建立调度值班、检查观测、水情测报、运行维护等制度，做好调度信息通报与调度值班记录。

2.2.2　巡视检查制度

小型水库管理单位（或业主）应参照《水库工程管理通则》等规程规范制定并落实巡视检查制度，具体规定巡视的时间、部位、内容和方法，并确定其路线和顺序，由有经验的技术人员负责进行。开展巡视检查时，要重点检查水库水位、渗流量和主要建筑物工况等，做好工程安全检查记录、初步分析、及时报告、记录存档等工作。

2.2.3　工程安全监测制度

依据水利部《关于加强水库大坝安全监测工作的通知》（水建管〔2013〕250号）及有关规定，小型水库应设置水位、渗流监测设施，并根据需要增加其他必要的安全监测项目。对重要小型水库，应开展大坝变形观测。南方地区土石坝还应增加对白蚁危害的监测。

小型水库管理单位或所有者（业主）应根据《土石坝安全监测技术规程》（SL 551—2012）和《混凝土坝安全监测技术规程》（SL 601—2013）的要求制定相关制度，定期开展大坝安全监测工作，及时整理各监测项目的原始数据记录，定期组织相关技术人员或委托专业机构，认真做好大坝安全监测资料的整编，开展综合分析，科学评估大坝工作状态，提出加强大坝安全管理的建议。

2.2.4　维修养护制度

小型水库管理单位（或业主）要按照《水库大坝安全管理条例》中"大坝管理单位必须做好大坝的养护工作，保证大坝和闸门启闭设备完好"的要求，依照《土石坝养护修理规程》《混凝土坝养护修理规程》制定水库大坝维修养护制度，及时组织开展维修养护工作，使大坝工程、设施设备处于完好状态，延长工程使用寿命。

2.2.5　档案管理制度

重要小型水库应建立工程基本情况、建设与改造、运行与维护、检查与观测、安全鉴定、管理制度等技术档案，对存在问题或缺失的资料应查清补齐。其他小型水库应加强基本技术资料积累和管理。

2.2.6　应急管理制度

为了提高水库突发事件的应对能力，切实做好遭遇突发事件时防洪抢险调度和险情抢护工作，最大程度保障人民群众生命安全、减少财产损失，小型水库应按照《大坝安全管理条例》《中华人民共和国防汛条例》《国务院突发公共安全时件总体应急预案》以及《水库大坝安全管理应急预案编制导则（试行）》《水库防洪抢险应急预案编制大纲》等要求，制定大坝安全管理应急预案、防汛抢险应急预案，以保证水库在遭遇超标准洪水、工程严重隐患和险情、地震灾害、地质灾害、溃坝、水质污染、战争或恐怖袭击等重大安全事件时有章可循、有效应对。根据水库应急管理的需要及有关规定，预案内容应当包括事件分析、组织体系、运行机制、应急响应、应急保障、宣传培训与演练、监督管理等内容。应急预案原则上按照管理权限由同级人民政府审批并组织落实。

2.2.7 安全生产管理制度

水库安全生产管理主要是指水库在日常运行阶段，防止和减少操作运行、检查观测、维修养护等生产环节可能发生的安全事故，消除或控制危险和有害因素，保障水库运行及管理人员安全，保障水库大坝和设施免遭破坏。小型水库管理应当按照安全生产有关规定，明确安全生产责任机构，落实安全生产管理人员和相应责任，通过采取有效安全生产措施、开展安全生产培训、建立安全生产档案等，形成事故防控、报告与处置、责任追究的安全生产制度体系。小型水库管理单位应根据工程特点，制定水库运行管理及设备安全操作规程；对有关人员进行安全生产宣传教育；特种作业人员应经专业培训、考核并持证上岗；除防汛检查外，应定期进行防火、防爆、防暑、防冻等专项安全检查，及时发现和解决问题。发生安全生产事故后，应及时向上级主管部门报告，迅速采取措施，防止事故扩大。无专门管理机构的小型水库，地方人民政府应负责明确水库安全生产责任部门和责任人及其职责，组织实施安全生产检查，对管护人员进行必要的业务和技能培训，督促水库业主、租赁承包人和管护人员履行职责，组织和协调开展安全生产管理工作并加强监督指导。

2.3 有关法律法规、规定文件

（1）《中华人民共和国水法》（1988 年制定，2002 年修订）。

（2）《中华人民共和国防洪法》（1997 年制定）。

（3）《中华人民共和国防汛条例》（1991 年制定，2005 年修订）。

（4）《水库大坝安全管理条例》（1991 年制定）。

（5）《国家突发公共事件总体预案》（2006 年制定）。

（6）《国家防汛抗旱应急预案》（2006 年制定）。

（7）《水库大坝安全管理应急预案编制导则（试行）》（2007 年制定）。

（8）《水库防汛抢险应急预案编制大纲》（2006 年制定）。

（9）《水库大坝注册登记办法》（1995 年制定，1997 年修订）。

（10）《水库大坝安全鉴定办法》（1995 年制定，2003 年修订）。

（11）《综合利用水库调度通则》（1993 年制定）。

（12）《小型水库安全管理办法》（2010 年制定）。

（13）《水库降等与报废管理办法（试行）》（2003 年制定）。

（14）《水利工程管理考核办法》（2003 年制定，2008 年修订）。

（15）《病险水库除险加固工程项目建设管理办法》（2005 年制定）。

（16）《关于加强中小型水库除险加固后初期蓄水管理的通知》（水建管〔2013〕138 号）。

（17）《关于深化小型水利工程管理体制改革的指导意见》（水建管〔2013〕169 号）。

（18）《进一步加强小型病险水库除险加固工程初步设计工作的技术要求》（水规计〔2013〕202 号）。

（19）《关于加强水库大坝安全监测工作的通知》（水建管〔2013〕250 号）。

（20）《关于进一步明确和落实小型水库管理主要职责及运行管理人员基本要求的通知》（水建管〔2013〕311 号）。

（21）《关于加强小型病险水库除险加固项目验收管理的指导意见》（水建管〔2013〕178 号）。

（22）《小型水库土石坝主要安全隐患处置技术导则（试行）》（水建管〔2014〕155 号）。

（23）其他地方有关法规、规定。

3 调度管理

天然来水在时空分配上是不均匀的，年际之间、月际之间来水极不平衡，不适应工农业生产的用水需要。兴建水库为解决来水与用水的矛盾创造了条件。水库调度运用，就是运用水库的调蓄能力，科学地调度天然来水，使之适应人们的用水需要，达到兴利除害的目的。水库调度得当，就能充分利用水库的调蓄能力，合理地安排蓄、泄关系，多次重复使用调蓄库容，做到多蓄水，少弃水，充分发挥工程效益。小型水库多具有地理环境复杂、气候条件特殊、汇流时间短、洪峰流量大等特点，如果调度不当，盲目蓄泄，造成需要水时没有水，不用水时又大量弃水，给下游带来不应有的灾害，甚至对人民生命和财产造成巨大的损失。因此，水库调度管理是水库管理工作的一项重要任务。

3.1 蓄水管理

3.1.1 初期蓄水管理

1. 初期蓄水条件

新建水库和完成除险加固的水库，在首次蓄水前，需满足以下条件：

（1）挡水、泄水、引水建筑物和基础处理等影响工程安全的建设内容已按批准的设计要求建设完成，主体工程所有单位工程（或分部工程）验收合格，满足蓄水要求，具备投入正常运行条件。

（2）有关的电力、通信、道路、监测、观测设施等已按设计要求基本完成安装和调试。

（3）可能影响蓄水后安全运行的问题已基本处理完毕。

（4）水库初期蓄水方案、工程调度运行方案和度汛方案已编制完成，并经有管辖权的水行政主管部门批准。

（5）水库安全运行管理规章制度已建立，运行管护主体、人员已落实，大坝安全管理应急预案已报批。

凡不满足蓄水基本条件的水库，一律不得擅自蓄水。

2. 有序进行初期蓄水

（1）新建或在除险加固后、投入使用前，水库主管部门或单位应督促项目法人组织设计等单位，根据设计方案或除险加固内容、运行条件等情况，编制初期蓄水方案，并报请有管辖权的水行政主管部门审查批准。

（2）批准后的初期蓄水方案由水库管理单位或管护人员具体实施，水库主管部门或单位负责监督。

（3）初期蓄水方案应明确初期蓄水期限，如需分阶段蓄水，应进一步明确阶段蓄水历时、阶段蓄水控制水位、下阶段继续蓄水的条件等。同时做好安全监测和巡查观测的具体安排，制定应急抢险措施等。

（4）任何单位和个人不得擅自采取抬高溢洪道堰顶高程等措施超标准蓄水。

3. 加强安全监测和巡查观测

设置必要的大坝安全监测和观测设施，落实大坝监测和观测人员。水库初期蓄水期间应加密安全监测和巡查观测的频次，突出穿（跨）坝体建筑物、软硬结合部、溢洪道、大坝前后坡面、坝坡脚、启闭设备等关键部位的巡查，并做好监测和巡查观测记录，进行必要的资料分析，组织有关人员对初次蓄水运行情况作结论性评价。水库主管部门或单位、水库管理单位或管护人员要加强初期蓄水期的安全值守工作，对水库位于高水位或其他特殊时段，要24h不间断值守。

4. 保障措施

（1）落实大坝安全管理政府行政责任、主管部门（业主）技术责任和管理单位或管护人员责任，并明确具体责任人。

（2）明确管理主体和管护人员，每座水库要有专门的管护人员。

（3）水库的主管部门或单位应根据水库大坝安全管理应急预案，建立突发事件报告和预警制度，备足必要的抢险物料和设备，并组织管理单位或管理人员演练。

（4）建立并严格实行责任追究制度。

3.1.2　洪水期蓄水管理

汛期，所有水库都必须降到汛限水位，腾出库容，拦蓄洪水，削减洪峰，减免洪水灾害，尽可能为下游防洪和排涝提供有利条件。

汛前必须组织责任部门、主管部门、技术部门责任人联合对枢纽工程进行检查，对存在的问题定项目、定方案、定责任人、定完成时间，汛期定时检查，大水后及时复核，汛后分析总结，整理归档。

小型水库应建立汛期每日巡查、观测制度，管理单位或管护人员要把每天的巡查情况、观测结果、发现问题等情况一一记录在案。水库主管单位或管护人员要加强汛期蓄水安全值守工作，洪水期蓄水时应加密安全监测和巡查观测的频次，每天至少进行一次巡视检查，大暴雨及特殊情况要24h不间断值守。要根据水库各建筑物的布置，制定巡查路线，逐一检查大坝、放水设施、溢洪道等建筑物，并做好监测和巡查观测记录，进行必要的资料分析。如发现异常情况，一般问题及时处理，严重问题应立即报告上级主管部门。

小型水库泄洪主要通过开敞式溢洪道和泄洪闸泄洪，对开敞式溢洪道，水库发生洪水时，溢洪道自由出流，管理人员应按规定加强巡视，加密库水位观测次数，以便掌握水位上涨速度，从而判断洪水强度；当库水位接近设计洪水位，应立即报告上级主管部门，进入紧急状态，启动防汛应急预案，做好迎战更大洪水的准备；一旦库水位接近校核洪水位，在上级主管部门领导下实施紧急抢险措施，应对可能出现的超标准洪水，确保工程和水库下游居民的安全。对泄洪闸泄洪的水库，应根据预先规定的调洪原则，进行泄洪闸门启闭操作，库水位上涨接近设计洪水位、校核洪水位，应按上述开敞式溢洪道水库一样加强巡查，加密库水位观测次数，向上级主管部门报告，启动防汛应急预案，确保工程和水库下游居民的安全。

水库管理人员必须对汛期的水雨情记录整理，对日降雨量（也可根据气象、水文部门提供）、库水位（有降雨时可设为1h或0.5h一次）、溢洪道水位（有溢洪时可设为1h或0.5h一次）、输水设施的开启、关闭时间进行记录和描述，进行水量平衡计算，按规定要求整理归档。

如遇特大暴雨洪水或工程发生重大险情危及大坝安全，同时通信中断无法与上级取得联系时，水库管理单位要采取措施，迅速通知下游地方人民政府组织群众安全转移，同时采取已批准的非常措施，确保大坝安全。事后应立即报告上级主管部门。

3.2　调度运用

水库调度运用，亦称为水库控制运用，就是运用水库的调蓄能力，科学地调度天然来水，使之适应人们的用水需要，达到兴利除害的目的。水库调度应坚持"安全第一，统筹兼顾"的原则，在保证水库工程安全、服从防洪总体安排的前提下，协调防洪、兴利等任务及社会经济各用水部门的关系，发挥水库的综合利用效益。

每年年初，水库管理单位应组织工程技术人员制定本年度的水库控制运用计划，报上级有关部门批准。小型水库必须备有本水库设计的水位—库容曲线、水位—面积曲线、降雨—径流关系曲线等必备的洪水预报和管理资料。

3.2.1　调度运用的主要参数

1. 水库特征指标

正常蓄水位、汛期限制水位、防洪高水位、设计洪水位、校核洪水位、死水位等特征水位，以及总库容、兴利库容、防洪库容、调洪库容等特征库容。

2. 水库调度参数

防洪标准及下游安全泄量、供水量与供水保证率、灌溉面积和灌溉保证率、装机容量与保证出力、通航标准、防凌运用水位、生态基流或最小下泄流量等。

3. 其他相关资料

水库调度相关的库容曲线、泄流能力及泄流曲线、下游水位流量关系曲线、电站水轮机出力限制线、入库水沙、冰情等基本资料。

汛期限制水位是防洪调度中的一个关键性指标，既关系到水库安全度汛，又影响到水库兴利蓄水，应根据大坝安全状况、下游河道行洪能力、当地洪水规律等情况，综合考虑确定。可以分段确定不同的汛期限制水位。使防洪与兴利相互兼顾，使水库最大程度地发挥效益。

3.2.2　防洪调度

水库防洪调度是根据设计确定的或上级主管部门核定的水库防洪标准和下游防护对象的防洪标准、防洪调度方案及各特征水位，按照经批准的调度运用计划，严格执行有调度权限的防汛抗旱指挥部门的调度指令，对入库洪水进行调蓄，确保大坝和下游防洪安全。如遇超标准洪水，应首先保障大坝安全，并尽量减轻下游的洪水灾害。

小型水库一般流域面积小、来水量小，洪峰型陡、汇集流时间短，因此，需要根据洪水预报或当前的库水位，掌握水库尚余调洪库容，可以承受多少降雨量，以便采取相应的防洪措施。

小型水库大部分为开敞式溢洪道，只能靠输水涵管放水腾空库容，但涵管放水能力一般较小，腾空库容需要较长时间，必须在汛前提早预泄，将库水位降至汛限水位。没有调蓄能力的小型水库，溢洪道堰顶高程就是汛限水位。

对于溢洪道有闸控制的小型水库，闸门的启闭必须严格按照批准的调度运用计划和上级部门的指令进行，不得接受任何其他部门和个人的有关启闭闸门的指令，运用时，要严格按照规定程序下达通知，由专职人员按操作规程进行启闭。

在洪水调度过程中，拒不执行经批准的调度运用计划的，超汛限水位蓄水的，拒报或瞒报水库水情和雨情以及隐瞒水库洪水调度过程中出现对水库安全有影响问题的，应追究相关责任人的责任。

3.2.3 供水调度

供水调度以初步设计供水任务为基础，考虑经济社会发展，保障流域或区域生活生产供水基本需求。结合水资源状况和水库调节性能，明确城镇供水、灌溉供水、工业供水和农村饮水保障等不同供水任务的优先顺序，做好供水任务之间的协调。高效利用水资源与节约用水；发生供水矛盾时，应优先保障生活用水。

以供水为主要任务的水库，应首先满足供水对象的用水要求。当水库承担多目标供水任务时，应确定各供水对象的用水权益、供水顺序、供水过程及供水量。水库供水调度遇干旱等特殊供水需求时，应当服从有调度权限的防汛抗旱指挥部门调度，并严格执行经批准的所在流域或区域抗旱规划和供水调度方案要求。

根据初步设计确定的河流生态保护目标和生态需水流量，拟定满足生态要求的调度方式及相应控制条件。

3.2.4 发电、航运和泥沙调度

1. 发电调度

（1）应明确发电调度的任务、原则，以及发电调度与其他调度的关系。

（2）根据水库调节性能、入库径流、电站在电力系统中的地位和作用，合理控制水位和调配水量，结合电力系统运行要求，协调与其他用水部门以及上下游水电站的联合运行关系，合理确定调度方式。

（3）水轮机应按照运行特性曲线选择较好的工况运行。

（4）年调节和多年调节电站的调度应根据蓄水及来水情况，采用保证出力、加大出力、机组预想出力、降低出力等不同运行方式，并绘制发电调度图，按调度图进行调度。

（5）小水电站的发电调度应按照水行政主管部门审定的调度指标，根据入网条件确定合理的调度方式。

2. 航运调度

（1）航运调度的任务与原则，在保证枢纽工程安全和其他防护对象安全的基础上，按设计要求发挥水库上、下游水域的航运效益。

（2）以航运为主要任务的水库，应根据航道水深、水位变幅或流速的要求，确定相应的调度方式；兼顾航运任务的水库，在满足主要调度任务的情况下，确定相应的航运调度方式。

（3）有船闸、升船机等过坝通航建筑物的水库，应确定过坝航运调度方式，明确洪水期为保障大坝和通航安全，对航道和过坝设施采取限航或停航的有关规定。

3. 泥沙调度

（1）根据水库泥沙调度的任务与原则，在保证防洪安全和兴利调度的前提下，减少水库的泥沙淤积和下流河道的淤堵。

（2）多沙河流水库宜合理拦沙，以排为主，排拦结合；少沙河流水库应合理排沙，以拦为主，拦排结合。泥沙调度应以主汛期和沙峰期为主，结合防洪及其他调度合理排拦泥沙。

（3）减少库区淤积而设置的排沙及其控制条件，或为减少下游河道淤积而设置的调水调沙库容及其判别条件。

（4）指定泥沙淤积监测方案，对泥沙淤积情况进行评估，为优化泥沙调度方式提供依据。

3.2.5 综合利用调度

（1）按初步设计确定的水库开发任务，明确水库综合利用调度目标；对设计文件不完整的水库，应重新委托设计或其他有资质的单位，按实际运行和利用需求分析论证，确定水库综合利用调度目标。依据水库所承担任务的主、次关系及对水量、水位和用水时间的要求，合理分配库容和调配水量。

（2）正常来水或丰水年份，在确保大坝安全的前提下，要按照水库调度任务的主次关系及不同特点，合理调配水量。

（3）枯水年份，须按照区分主次、保证重点、兼顾其他、减少损失、公益优先的原则进行调度，重点保证生活用水需求，兼顾其他生产或经营需求，降低因供水减少而造成的损失。

（4）综合利用调度应统筹各目标任务主次关系，优化水资源配置，按"保障安全、提高效益，减小损失"的原则，确定相应的调度方式。

（5）梯级水库或水库群调度应利用其调蓄能力，在对区域内的水雨情和径流规律、各水库开发任务和调度条件进行分析论证的基础上，确定合理的蓄泄水次序及相应的调度方式。

（6）初步设计没有确定河流生态保护目标和生态需水流量的水库，要结合相关调度任务兼顾生态用水调度，服从流域生态调水安排。

3.3 水库调度管理

（1）水库主管部门负责组织运行管理单位制定水库调度计划、下达水库调度指令（在汛期，水库调度运用必须服从防汛指挥机构的统一指挥）、组织实施应急调度等，并收集掌握流域水雨情、水库工程情况、供水区用水需求等情报资料。

（2）运行管理单位负责执行水库调度指令，建立调度值班、巡视检查与安全监测、水情测报、运行维护等制度，做好水库调度信息通报和调度值班记录。

（3）水库调度各方应严格按照水库调度文件进行水库调度运用，建立有效的信息沟通和调度磋商机制；编制年度调度总结并报上级主管部门；妥善保管水库调度运行有关资料并及时归档。

（4）按水库大坝安全管理应急预案及防汛抢险应急预案等要求，明确应对大坝安全、防汛抢险、抗旱、突发水污染等突发事件的应急调度方案和调度方式。

（5）被鉴定为"三类坝"的病险水库或水库存在严重险情时，应复核水库的各特征水位和泄洪设施安全泄量等调度指标是否满足安全运用要求，及时调整水库调度运用方案，并按规定履行报批手续。

4 检查观测

4.1 巡视检查

巡视检查是通过眼看、耳听、手摸、鼻嗅以及一些简单的工具，对水库工程表面状态的变化进行经常性的巡视、查看等工作的总称。它是水库日常运行管理中必不可少的基础性工作，具有全面性、及时性和直观性等特点，是及时发现大坝安全隐患的主要措施之一。管理人员对水库进行认真的检查和观察，通常能够及时发现水库的状态变化，通过对不正常的情况进行分析处理，防患于未然，把安全事故消灭在萌芽之中，从而确保水库大坝的安全运行。据国内、外有关资料统计，通过大坝巡视检查发现的大坝重大安全隐患，占出险水库总数的 70％以上。尤其是在大多数小型水库缺乏大坝观测设施的情况下，巡视检查显得更为重要。

4.1.1 基本要求

（1）巡视检查分为日常巡视检查、年度巡视检查和特别巡视检查 3 类。

1）日常巡视检查。非汛期，小型水库日常巡视检查一般每月 1～3 次；汛期，每周不少于 2 次。当库水位接近正常高水位时，每天至少巡查 1 次，病险水库每天至少巡查 2 次。

2）年度巡视检查。每年的汛前汛后、冰冻较严重地区的冰冻和融冰期、有蚁害地区的白蚁活动显著期等，按规定的检查项目，对大坝进行比较全面或专门的巡视检查。进行年度巡视检查，每年不少于 2 次。

3）特别巡视检查。当大坝遇到可能严重影响安全运用的特殊情况（如发生特大暴雨、大洪水、有感地震、库水位骤升骤降或超过历史最高水位等），要对建筑物容易发生变化和破坏的部位加强检查观察，每天至少巡查 3 次。

（2）巡视检查实行记录与报告制度。每次巡视检查时，巡查人员要带好必要的辅助工具和记录笔、簿；现场巡查结束后，巡查人员要认真填写记录表，有关人员均要签名；开展年度巡视检查和特别巡视检查时，除认真填写记录表外，还要提出简要报告。巡视检查中如发现问题，巡查人员要在记录表中详细记录时间、部位、问题，必要时附照片、简图等，并与以往记录对比分析，对异常情况进行复查。确认后，及时上报主管部门。

（3）巡视检查要明确检查线路。检查线路要本着高效、科学与灵活性的原则制定，特殊情况时适当调整。一般检查线路顺序为：

1）坝顶、坝坡与岸坡。巡查顺序一般可从左岸坡上坡，从下游坝面下坡，再从右侧岸坡上坝，如果坝面较大，则需要反复几次上坝下坝，检查每处坝面；从右侧沿坝体巡查至左坝体尽头；从左侧上游坝面巡查至尽头，同时观察水面情况。在步行巡视坝坡过程中，应随时地停下，环视360°进行观察。常用的巡视检查线路见表4.1.1。

表 4.1.1　　　　　　　　坝顶、坝坡与岸坡巡视检查线路

巡查方式	说　　明
之字形路线检查	采用之字形路线的方式检查能保证控制整个坝坡和坝顶。区域小或坡度平缓的坝坡通常是采用该方式
平行路线检查	平行路线检查方式是按平行于坝顶路线顺序沿坝坡向下检查。该方式适用于坡度很陡或者面积大的坝坡

2）坝坡与坝基接触面、坝脚排水设施。检查方法为步行巡视检查。进行坝基与坝坡的接触面检查很重要，因为该接触面易受地表径流冲蚀且沿下游接触面常出现渗漏现象。

3）其他部位。如输水建筑物、溢洪道、闸门及启闭设备等方面；对大坝安全有重大影响的近坝库岸和其他对大坝安全有直接关系的建筑物与设施。

（4）巡视检查要突出重点部位和观察重点现象。其中，重点部位主要包括大坝上、下游坝面，坝脚及附近范围，涵洞进、出口部位，溢洪道两侧岩体，上游水面附近，以及以往发现的安全隐患部位等。重点现象主要包括坝体严重渗漏、坝面塌坑、裂缝、滑坡，坝基处流土或管涌等危险迹象。

（5）发生险情时要加密巡视检查。大坝发生比较严重的破坏现象或出现其他危险迹象时，要增加测次，组织专门人员对险情变化做好记录，对出险部位做好标记，并进行连续昼夜观察，夜间加大巡查频次；要建立交接班制度，交接班时要将情况变化及采取措施等交代清楚。同时，及时上报主管部门并采取有效应对措施。

（6）作为饮用水水源的小型水库，巡视检查时要观察水库水生物、浑浊度以及嗅觉等感官性状，关注水体、水质，防范危及饮水安全的事件发生。

（7）巡视检查时，要注意报告通信设备是否畅通，上坝抢险道路是否通

畅；要检查有无影响或破坏大坝安全的不法活动。

（8）巡视检查的记录、图件和报告等均要整理归档。

（9）巡视检查人员要提高安全意识。既要密切关注天气变化情况，提高巡视检查警觉性；巡查时也要注意自身安全，配备必要的防护设施（如防滑鞋、救生衣、照明工具等）。

（10）对检查所提出的问题要定时落实和验收，资料归档保存并上报。

4.1.2　主要方法

巡视检查的一般方法通常是用眼看、耳听、手摸、脚踩和鼻闻等直观方法，或辅以锤、钎、钢卷尺等简单工具对工程表面和异常现象进行检查量测。对大坝表面（包括坝脚及附近范围）要由数人列队进行检查，以防漏查。

（1）眼看。察看迎水面大坝附近水面有否漩涡；迎水面护坡块石有否移动、凹陷或突鼓；防浪墙、坝顶有否出现新的裂缝或原存在的裂缝有无变化；坝顶有否塌坑；背水坡坝面、坝脚及附近范围内有否出现渗漏突鼓现象，尤其对长有喜水性草类的地方要仔细检查，判断渗漏水的浑浊变化；大坝附近及溢洪道两侧山体岩石有否错动或出现新裂缝；通信、电力线路是否畅通等。

（2）耳听。耳听有否出现不正常水流声或振动声。

（3）脚踩。检查坝坡、坝脚是否有土质松软、鼓胀、潮湿或渗水。

（4）手摸。当眼看、耳听、脚踩中发现有异常情况时，则用手作进一步临时性检查，对长有杂草的渗漏出逸区，则用手感测试水温是否异常。或辅以钢卷尺等简单工具对工程表面异常现象进行检查量测，例如：裂缝宽度和长度、凹坑大小等。

（5）鼻嗅。库水是否有异常气味，作为水质检查的一种辅助手段。

（6）必要时可采取坑探、化学检验或跟踪、水下电视、超声探测、潜水观测等方法。

（7）走访调查库区附近的群众近期有无特殊事件发生。

4.1.3　检查项目和内容

巡视检查范围主要包括大坝坝体、坝基、坝肩、各类泄洪、输水设施及其闸门，以及对大坝安全有重大影响的近坝区岸坡和其他与大坝安全有直接关系的建筑物和设施等。

4.1.3.1　土石坝

1. 坝体

（1）坝顶。有无裂缝、异常变形、积水或植物滋生等现象；防浪墙有无开裂、挤碎、架空、错断、倾斜等情况。

（2）迎水坡。护面或护坡是否损坏；有无裂缝、剥落、滑动、隆起、塌坑、冲刷或植物滋生等现象；近坝水面有无冒泡、变浑或漩涡等异常现象。

（3）背水坡及坝趾。有无裂缝、剥落、滑动、隆起、塌坑、雨淋沟、散浸、积雪不均匀融化、冒水、渗水坑或流土、管涌等现象；排水系统是否通畅；草皮护坡植被是否完好；有无兽洞、蚁穴等隐患；滤水坝趾、减压井（或沟）等导渗降压设施有无异常或破坏现象。

2.坝基和坝区

（1）坝基。基础排水设施的工况是否正常；渗漏水的水量、颜色、气味及浑浊度、酸碱度、温度有无变化；基础廊道是否有裂缝、渗水等现象。

（2）坝端。坝体与岸坡连接处有无裂缝、错动、渗水等现象；两岸坝端区有无裂缝、滑动、崩塌、溶蚀、隆起、塌坑、异常渗水和蚁穴、兽洞等。

（3）坝趾近区。有无阴湿、渗水、管涌、流土或隆起等现象；排水设施是否完好。

（4）坝端岸坡。绕坝渗水是否异常；有无裂缝、滑动迹象；护坡有无隆起、塌陷或其他损坏现象。

（5）有条件时应检查上游铺盖有无裂缝、塌坑。

3.输、泄水洞（管）

（1）引水段。有无堵塞、淤积、崩塌。

（2）进水塔（或竖井）有无裂缝、渗水、空蚀等损坏现象。

（3）洞（管）身。洞（管）壁有无裂缝、空蚀、渗水等损坏现象；洞（管）身有无断裂、损坏及渗漏等情况；伸缩缝、排水孔是否正常。

（4）出口。放水期水流形态、流量是否正常；停水期是否有水渗漏。

（5）消能工。有无冲刷或砂石、杂物堆积等现象。

（6）工作桥。是否有不均匀沉陷、裂缝、断裂等现象。

4.溢洪道

（1）进水段（引渠）。有无坍塌、崩岸、淤堵或其他阻水现象；流态是否正常。

（2）堰顶或闸室、闸墩、胸墙、边墙、溢流面、底板。有无裂缝、渗水、剥落、冲刷、磨损、空蚀、倒塌等现象；伸缩缝、排水孔是否完好。

（3）消能工。有无冲刷或砂石、杂物堆积等现象。

（4）工作桥（或交通桥）。是否有不均匀沉陷、裂缝、断裂等现象。

5.闸门及启闭设施

（1）闸门及其开度指示器、门槽、止水等能否正常工作，有无不安全因素。

（2）启闭机能否正常工作；手动启闭是否可靠。

（3）备用电源是否能正常使用。

6. 近坝岸坡

有无崩塌及滑坡等迹象。

7. 管理设施

观测及通信设施是否完好、畅通；照明及交通设施有无损坏及障碍；安全警示标志是否齐备、清晰。

4. 1. 3. 2　混凝土坝（浆砌石坝）

1. 坝体

（1）坝体表面有无裂缝、渗水现象；混凝土有无破损、溶蚀、侵蚀和冻害等现象；砌石有无松动、脱落、风化等现象；坝顶防浪墙有无开裂、损坏等现象。

（2）相邻坝段之间有无错动变形，伸缩缝内填料和止水是否完好。

（3）宽缝内及廊道壁有无裂缝及漏水情况。

（4）坝体排水孔是否畅通，渗漏水量和水质有无显著变化；坝体排水孔的工作状态，渗漏水的水量和水质有无显著变化。

（5）在汛期或冬季要观察水面是否有漂浮物和冰凌撞击坝体。

2. 坝基和坝肩

（1）基础岩体有无挤压、错动、松动和鼓出等现象。

（2）坝体与基岩（或岸坡）接合处有无错动、开裂、脱离及渗水等情况。

（3）两岸坝肩区有无裂缝、滑坡、溶蚀及绕渗等情况。

（4）基础排水设施是否有堵塞、淤积或破坏现象，渗漏水量及浑浊度有无变化。

3. 引水建筑物

进水口和引水渠道有无堵淤，进水口、拦污栅有无损坏。

4. 泄水建筑物

（1）溢洪道（泄水洞）的闸墩、边墙、胸墙、溢流面等处有无裂缝和损伤。

（2）消能设施有无磨损、冲蚀。

（3）下游河床及岸坡的冲刷和淤积情况。

（4）上游拦污栅的情况。

5. 近坝岸坡

（1）地下水露头变化情况。

（2）岸坡裂缝变化情况。

6. 闸门及启闭设施

（1）闸门（包括门槽、门支座和止水设施等）能否正常工作。

（2）启闭设施，能否应急启动工作。

（3）电气控制系统的设备能否正常工作。

（4）备用电源能否正常启动。

7．其他设施

（1）过坝建筑物、地下厂房等的巡视检查，可参照以上有关要求进行。

（2）检查附属设施是否正常运行，包括液压和空压系统、对外交通及应急交通工具、通信系统及应急通信设施、照明系统及事故应急照明等。

4.1.4　工作流程

巡视检查工作要按照规定的频次、内容和巡视路线，检查、记录和确认各建筑物损坏或异常情况，具体工作流程图见图4.1.1。

4.1.5　常见问题检查与判别

了解和掌握水库大坝易发生的常见问题和险情，是开展巡视检查工作的重要基础。

4.1.5.1　土石坝

土石坝主要分为两大类：一类是土坝；另一类是堆石坝，这里主要指土坝，堆石坝由于数量相对较少，这里不作为重点介绍内容。

根据土坝的特性，土坝易发生的主要问题包括：渗漏、裂缝、滑坡（脱坡）、塌坑（跌窝）、护坡破坏等，南方多数省份的土石坝还普遍存在白蚁危害问题。

1．渗漏

（1）基本概念。土坝具有一定程度的透水性。水库蓄水后，在水压力作用下，库水会通过坝体、坝基、坝肩的孔隙，或其之间的接触面，或大坝与输（泄）水建筑物之间接触面等渗出，称之为渗漏。

如果渗水从坝后排水体或坝后基础中渗出，清澈见底、不含土粒，且渗漏量变化很小，有时还会有所减少，属正常渗漏；若从其他部位渗出，属异常渗漏。

如果渗水量过大，或逸出点过高，坝下游出现散浸（渗水）、集中渗漏、流土、管涌等异常渗漏情况，则需要及时查明原因并处理。

因此，在水库检查和观测工作中，发现土坝渗水，既不能疏忽大意，见惯不怪，也不能草木皆兵，将所有渗漏情况都列为隐患或病险。

（2）渗漏分类。土坝渗漏按其发生部位，可分为坝体渗漏、坝基渗漏和绕坝渗漏。其中，坝体异常渗漏可分为散浸、集中渗漏。

1）散浸。由于土坝的透水性，库水必定会渗入坝体。这使坝体形成上干

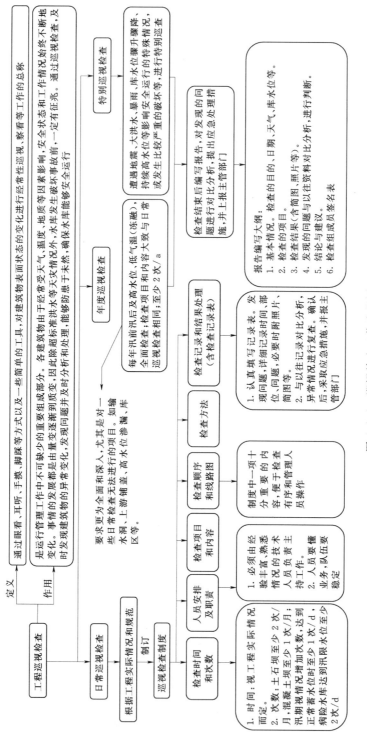

图 4.1.1 巡视检查工作流程图

下湿两部分，干湿部分的分界线，就是浸润线，示意图见图 4.1.2。

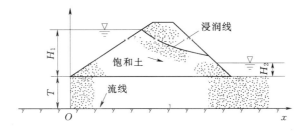

图 4.1.2　土坝浸润线示意图

在持续高水位情况下，如果土坝存在土料选择不当、夯实不密实、施工质量差等问题，渗透到坝体内部的水就会较多，浸润线也就明显抬高，这时在下游坡渗水出逸点也相应抬高，通常在排水体以上出逸，使出逸点以下局部土体湿润或发软，甚至在坝坡面形成细小、分布广的渗流，使下游坝面形成大片散浸区，这就是散浸，也叫渗水。

散浸是土坝坝体较常见的险情之一，如不及时处理，可能会发展成集中渗漏、塌坑等险情，甚至会引起下游滑坡。

造成坝体散浸的主要原因包括以下几方面：①坝体填筑质量差。如土料透水性大、有杂质，碾压不实，土体内有大的干土块（或冻土块），夹有沙层（透水性强），施工分段接头搭接不紧密等。②高水位持续时间长。③坝坡较陡，坝体单薄，浸润线抬高。④坝后排水反滤失效（如淤泥堵死）、或施工质量差，浸润线抬高。

2）集中渗漏。由于各种原因大坝存在裂缝、孔隙、强透水层等薄弱环节，在高水位情况下，下游坡或坝脚附近出现横贯坝体或坝基的渗漏孔洞，形成一股水流，成为集中渗漏，也叫漏洞。

集中渗漏通常会带走坝体土粒，长时间后易形成管涌，甚至淘成孔穴逐渐形成塌坑。

心墙或斜墙等防渗体被击穿形成的集中渗漏、大坝与坝下涵管等建筑物接触面形成的集中渗漏，都是严重的渗漏问题，易出现重大险情，需慎重对待、及早处理。

如集中渗漏出流浑水、或由清变浑、或时清时浑，均表明渗漏正在迅速扩大。

造成集中渗漏的主要原因包括以下几方面：①坝体填筑质量差。如土料透水性大、有杂质，碾压不实，土体内有大的干土块（或冻土块），夹有沙层（透水性强），施工分段接头搭接不紧密等。②坝体内存在生物洞穴等隐患，如白蚁、老鼠、蛇等动物在坝体内打洞、筑巢等。③大坝与输水洞、溢洪道等建筑物接触面的填土质量差、不密实，或建筑物接触部位出现损坏。④坝体不均匀沉陷引起的横向裂缝、心墙的水平裂缝等造成。

3）坝基渗漏。在反滤排水体附近、或排水沟以外的地面，有明显的渗水出逸、或冒水翻砂、或沼泽化（芦草茂盛）等现象，属坝基渗漏。坝基渗漏通常有可能导致坝下游坡脚附近发生管涌或流土。

管涌是指坝基中砂砾土的细粒被渗透水流带出基础以外，形成孔道，产生集中涌水的现象。管涌发生时，水面出现翻花，随着上游水位升高，持续时间延长，险情不断恶化，大量涌水翻沙，使坝基土壤骨架破坏，孔道扩大，基土被淘空，引起建筑物塌陷，造成垮坝事故。

流土是指在渗流作用下，使坝基的局部土体表面隆起或大块土体松动而随渗水流失，这种现象称为流土。

造成坝基渗漏的主要原因包括以下两方面：①清基不彻底或根本未清基。施工时未将杂草、树根、碎石等杂物清除干净，致使坝体及基础结合面产生渗漏。②坝基未进行防渗或防渗措施不到位。

4）绕坝渗漏。坝下游两端与岸坡连接处或附近岸坡，有明显的渗水出逸，属绕坝渗漏。

造成绕坝渗漏的主要原因包括以下两方面：①两岸地质条件差，岩体破碎、节理发育、透水性大。②岸坡未设截水槽，或截水槽深度不够，夯压不密实，施工中岸坡开挖不符合要求，与岸坡结合不好。

（3）渗漏检查与判别。渗漏现象一般用肉眼可以观察到。因此，要对土坝的渗漏情况进行经常性检查、观察。发现异常渗漏情况，要及时分析渗漏的原因，并采取必要的修理措施予以整治。

基本判别方法：如渗水从坝后排水体或坝后基础中渗出，清澈见底、不含土粒，且渗漏量变化很小，有时还会有所减少，属正常渗漏；如渗水变浑，或明显看到水中有土颗粒，可能已转变成异常渗漏，对比见图4.1.3。其他部位（如坝坡、坝肩、建筑物连接处等）的各种渗漏均属异常渗漏。

图4.1.3　清水与渗水透明度对比图

1）散浸。如在晴天无雨时，下游坝坡坡面湿润、或有明显细小渗水、或潮湿松软并陷脚、或部分草皮色深叶茂、或严寒季节冻结变硬等，都是坝体散浸的特征。

2）集中渗漏。下游坝脚、坝体与两岸山体结合部位、坝下涵管出口附近、发生散浸部位、横向裂缝部位、蚁洞部位等，都是可能出现集中渗漏现象的重点部位，要重点观察。

发现集中渗漏点时，要注意观察渗水的浑浊程度和渗水量变化。如果渗水突然由清变浑并明显带有土粒，或渗漏量急剧增加，属异常现象，通常是大坝发生渗透破坏的征兆；如果渗漏量突然减少或中断，很可能是渗漏通道坍塌暂时堵塞的现象，是渗透破坏进一步恶化的信号，此时绝不能疏忽大意，更要加强观察，检查坝面有无出现塌坑或下陷现象，并根据情况降低库水位，以缓解险情。这种情况往往持续一段时间后，渗水量又增大并流出浑水。

3）坝基渗漏。若反滤排水体附近、或排水沟以外的地面，在晴天无雨的情况下，有明显的渗水出逸、或冒水翻砂、或沼泽化（芦草茂盛）等现象，属坝基异常渗漏。如坝后基础发生翻砂冒水或涌水带沙现象，进一步发展会出现坍塌或穿洞，危及大坝安全，示意图见图4.1.4。

（a） （b）

图 4.1.4 坝基渗漏示意图

4）绕坝渗漏。若坝下游两端与岸坡连接处或附近岸坡，在晴天无雨的情况下，有明显的渗水出逸，属于绕坝渗漏。如果渗漏量较大、或有明显的集中渗漏、或渗水浑浊等，属异常现象。

2. 裂缝

（1）基本概念。坝体裂缝是土坝常见的病害现象之一，有时也可能是其他险情的征兆，如滑坡裂缝。细小的裂缝对坝体都存在潜在的危险性，对大坝安全不利。如细小的横向裂缝，因水位升高易发展成集中渗漏通道；细小的纵向裂缝，因雨水灌入易导致或加剧滑坡危险。因此，土坝裂缝均应及时采取措施处理，以防止裂缝发展和扩大。

（2）裂缝分类。土坝常见的裂缝一般分布在坝面上（坝顶和上下游坝坡），也有隐藏在内部的。

按裂缝的存在部位一般分为表面裂缝和内部裂缝；按裂缝的走向一般分为横向裂缝（垂直坝轴线）、纵向裂缝（平行于坝轴线）、斜向裂缝（与坝轴线斜交）；按裂缝产生的原因一般分为干缩缝、沉陷缝、冻融缝、滑坡裂缝和震动裂缝等。其中，横向裂缝和滑坡裂缝的危害性最大。

（3）裂缝成因。裂缝产生通常不是由单一的一种原因造成，往往是多种原因并存，需要仔细分析，见图4.1.5和图4.1.6。主要原因包括：①坝体或坝基不均匀沉陷引起裂缝。②坝体与输、泄水建筑物结合处，由于结合不良，夯实不够，或沉陷不均引起裂缝。③高水位渗流作用下，坝体湿陷不均，库水位骤降时，易引起滑坡裂缝。特别是坝脚基础有软弱夹层，更易发生。④由于阳光暴晒，使坝体表面水分蒸发干缩，产生干缩裂缝。⑤寒冷地区，易因冰冻产生冻融裂缝。⑥地震、强烈震动引起裂缝。⑦坝体内存在白蚁、老鼠、蛇等洞穴，引起局部裂缝。

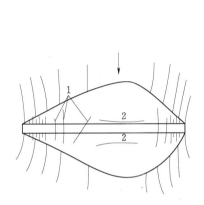

图4.1.5　横向裂缝和纵向裂缝示意图
1—横向裂缝；2—纵向裂缝

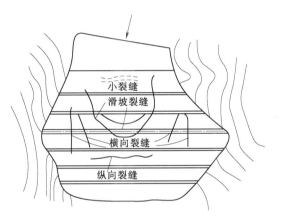

图4.1.6　滑坡裂缝与其他变形裂缝的
外形示意图

（4）裂缝特征。

1）横向裂缝特征。①发生在坝顶的表面和坝坡上，走向与坝轴线垂直或斜交。②一般从坝顶接近铅直或稍有倾斜伸入坝体一定深度。③缝深几米到几十米，缝宽几毫米到几厘米，甚至更宽。

2）纵向裂缝特征。①多发生在坝顶和坝坡的表面，走向与坝轴线平行或接近平行。②一般多垂直向下延伸，缝长多达数十米，甚至上百米。

3）滑坡裂缝特征。①滑坡性裂缝主要发生在坝顶和坝坡的表面，走向与坝轴线平行或接近平行。②裂缝在平面上一般呈弧形，裂缝两端延伸时弯向上游或下游。③裂缝会不断延长和增宽。④裂缝两侧分布有众多的平行小缝，主缝上下侧有错动，错距逐渐加大。⑤滑坡裂缝开始发展缓慢，后期逐级加快，同时在坝面或坝基相应部位出现隆起现象。

4）干缩裂缝特征。①干缩裂缝多呈龟裂状，密集交错，没有特定的走向。②缝的间距比较均匀，无上下错动。③缝与表面垂直，缝不宽，深度较浅。

5）冻融裂缝特征。①冻融裂缝规律性差，纵横分布，呈龟裂状。②一般深度较浅，多系铅直开裂，上宽下窄呈楔形状。

（5）常见裂缝检查与判别。

裂缝是建筑物内部发生某种变化的表现，根据裂缝的特征，可以判断建筑物的安全状况。

发生在坝顶、坝坡的裂缝，一般可以用眼睛观察到。如果发现坝顶防浪墙、坝坡踏步、护栏等有裂缝迹象，则反映坝顶和坝坡可能发生不均匀沉陷或滑坡，要作进一步的检查。

水库长期高水位或大暴雨期间，坝坡含水量大，稳定性降低，容易发生滑坡裂缝。水库连续放水，库水位骤降时，上游坝坡也最容易发生滑坡裂缝。发生地震也容易引起大坝裂缝。遇上述情况时都要加强检查观察。

检查发现裂缝后，要及时做好检查记录，记录裂缝发生的时间、位置、走向、裂缝的宽度和长度等，裂缝检查记录表见表 4.1.2。在未判明裂缝性质及处理前，要设置标志进行观察，并把缝口保护起来，防止雨水流入或人为破坏使裂缝失去原状。

表 4.1.2　　　　　　裂 缝 检 查 记 录 表

日期：　　年　　月　　日　　　　气温：　　℃　　　　　相对湿度：　　%

序号	裂缝编号	位置	走向				宽度/mm	长度/m	深度/m	渗漏	溶蚀	备注
			垂直	水平	倾斜	环向						

量测工具：　　　　　　　　量测人：　　　　　　　　记录人：

3. 滑坡

（1）基本概念。土石坝出现滑坡（也叫脱坡），主要是边坡失稳，土体下滑力超过了抗滑力，使坝体的一部分（有时还包括部分坝基）失去平衡，下滑脱离原来位置，造成滑坡险情。不及时处理，会严重影响水库大坝安全。滑坡形式示意图见图 4.1.7～图 4.1.9。滑坡按其滑动部位不同，分为上游坡滑坡和下游坡滑坡。

（2）滑坡成因。土坝滑坡的原因很多，情况比较复杂，往往是多种因素组合造成的。通常产生的原

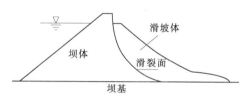

图 4.1.7　坝体滑坡示意图

因主要包括：①高水位持续时间长，在渗透水压力的作用下，浸润线升高，土体抗剪强度降低，渗透压力和土重增大，导致背水坡失稳，特别是边坡过陡，更易引起滑坡。②坝基有淤泥层或液化沙层，筑坝时未处理或处理不彻底。③施工质量差。在土坝施工中，由于每层铺土太厚、碾压不实、或含水量不合要求、干密度未达到设计要求等，致使填筑土体的抗剪强度不能满足稳定要求。④土坝加高培厚，新旧土体之间结合不好，在渗水饱和后，形成软弱层。⑤坝下游排水设施堵塞，浸润线抬高，土体抗剪强度降低。⑥高水位时，上游坡土体处于大部分饱和、抗剪强度低的状态下，水位一旦骤降，坝坡失去水体支持，再加上坝体的反向渗压力和土体自重的作用，引起上游坡失稳滑动。⑦持续特大暴雨或发生强烈地震、震动等，均可能引起滑坡。

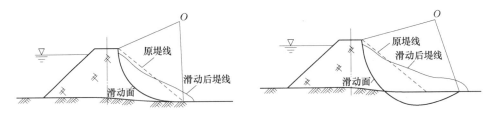

图 4.1.8　浅层滑动示意图　　　　图 4.1.9　深层滑动示意图

（3）滑坡检查与判别。对滑坡的检查，除日常巡视检查中对其检查外，当处于以下情况时，是滑坡的多发时期，要严密监视。具体包括：①高水位时期。②水位骤降时期。③持续特大暴雨时期。④蓄水时期。⑤春季解冻时期。⑥强烈地震后等。

滑坡主要是通过对滑坡性裂缝进行检查观测和判断来加以判别，具体方法参见滑坡性裂缝基本判别方法。

已判明发生滑坡的大坝，需查清滑坡体范围，查清是浅层滑动还是深入坝基的深层滑动。

4. 塌坑

（1）基本概念。在持续高水位情况下，在坝顶、上下游坡、坝脚等部位突然发生局部下陷而形成的险情，成为塌坑（或跌窝）。

塌坑既破坏坝体完整性，又有可能缩短渗径，有时还伴有渗漏、管涌、流土等险情同时发生，危及大坝安全。

（2）塌坑成因。塌坑产生的原因主要包括：①施工质量差，土坝分段施工，接头处未处理好，夯压不实。②基础、两岸边坡未处理或处理不彻底。③坝体与输水涵管和溢洪道结合部填筑质量差，在高水头渗透水流的作用下，或沙壳浸水湿陷，形成塌坑。④坝身有隐患，如白蚁的蚁穴、蚁路等形成的空洞，遇高水头的浸透或暴雨冲蚀，隐患周围土体湿软下陷，形成塌坑。⑤伴随坝基管涌渗水或坝身漏洞的形成，未能及时发现和处理，使坝身或基础内的细土料局部被渗透水流带走、架空，最后上部土体支撑不住，发生下陷，也能形成塌坑。

（3）塌坑检查。塌坑现象肉眼极易观察到，除风浪淘刷和白蚁洞穴引起的塌坑外，大部分塌坑多由渗流破坏而引起。因此，要从引起渗漏现象的原因来检查塌坑可能发生的部位。例如进水塔（竖井或卧管）附近、坝体内放水洞轴线附近，可能因断裂漏水而引起塌坑；反滤坝趾上游坝坡部位，可能因反滤坝发生破坏而引起塌坑；坝体与山坡接合不好产生绕坝渗漏而引起塌坑等。

发现塌坑后要做好记录。记录塌坑发生的时间、直径大小、形状和深度、相对位置、高程、洞内渗水情况等，绘出草图，必要时进行拍照。

5. 护坡破坏

（1）护坡基本型式。为保证土坝坝体完整，免遭破坏，我们通常在上下游坡设置护坡保护。

常见的护坡型式有：①上游坡：干砌石护坡、浆砌石护坡、混凝土预制板护坡、现浇混凝土护坡等。②下游坡：草皮护坡、干砌石护坡、碎石护坡等。

（2）护坡破坏检查。护坡型式不同，破坏产生的原因也不同，要根据具体情况分析，这里不再细述。护坡破坏检查肉眼均可观察到，包括：①检查护坡表面是否松动、散落、风化剥落、隆起、塌陷、掏空，有无杂草、雨淋沟、空隙等。②检查沿护坡的库水是否变浑，护坡垫层下面的土体是否松软、淘刷和滑动。③检查坝面排水沟是否通畅，坝坡有无积水，排水沟两侧及底部填土有无冲刷。护坡在风浪作用下破坏、基脚淘刷破坏示意图分别见图 4.1.10 和图 4.1.11。

6. 白蚁危害

（1）基本概念。白蚁是世界性有害昆虫，在我国黄河以南的大部分地区，土石坝白蚁危害较为普遍。白蚁危害隐蔽，破坏力强，它能够在各类土坝内构筑蚁巢和四通八达的蚁道，蚁道往往贯穿土坝上下游，在汛期水位上涨时，水流进入蚁道和蚁巢，造成土坝多种险情出现，严重时甚至造成垮坝崩堤的大灾大难。据不完全统计，自新中国成立以来因白蚁危害造成水库重大险情的现象屡见不鲜，导致垮坝的小型水库数量多达 400 余座，对水利工程安全、人民生命财产安全造成重大威胁。堤坝蚁巢构成示意图见图 4.1.12。

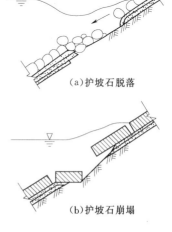

(a)护坡石脱落

(b)护坡石崩塌

图 4.1.10　护坡在风浪作用下
破坏示意图

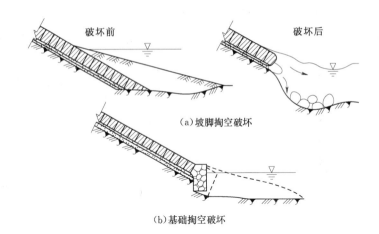

图 4.1.11 护坡基脚淘刷破坏示意图

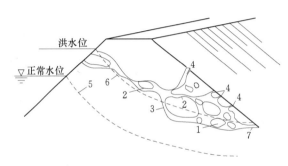

图 4.1.12 堤坝蚁巢构成示意图

1—主巢；2—菌圃（副巢）；3—蚁路；4—分飞孔；
5—正常水位浸润线；6—高水位浸润线；7—吸水线

白蚁种类很多，危害土坝的白蚁主要是土栖白蚁，其中黑翅土白蚁和黄翅大白蚁最为常见，其他较为常见的白蚁还有黑胸散白蚁、乳白蚁、大家白蚁、卤土白蚁和海南土白蚁等。

（2）主要蚁害险情。

1）湿坡、牛皮涨。当土坝土质欠佳时，如用风化土、半风化土、混合料填筑的土坝，白蚁在土坝内修筑蚁道时常受阻，遇到石块则转弯抹角，尽管蚁道内壁是用较好的黏土筑建，但蚁道本身仍不够牢固，非常容易被水冲刷损坏。水流由外坡进入蚁道而不能顺畅流出，水在土坝内漫浸，在内坡就会形成散浸，甚至牛皮涨等现象，严重时造成滑坡险情。

2）漏洞。当土坝土质尚好，是用坚实的黏土筑成，白蚁修筑的蚁道就坚固而结实，蚁道内壁光滑，当水流进入蚁道时，不管进水如何混浊，出水口开始流出的都是清水，这是因为浊水在蚁道内要经过无数个菌圃的过滤，此时也可能有白蚁随清水流出。一段时间之后，清水变浊，且带有白蚁甚至明显的菌圃颗粒，这是由于蚁道、蚁巢和菌圃被水流冲刷浸泡破坏所致。白蚁危害的土坝发生漏洞险情图和引发管涌险情示意图分别见图 4.1.13 和图 4.1.14。

3）跌窝。当主巢空腔较大时，长期下雨导致主巢上部土层湿润，抗剪力减弱，因重力下坠压垮蚁巢从而形成跌窝。或者因蚁患造成的管漏险情严重发生时，巢体和周边泥土随水流被大量冲刷出土坝外，造成土坝内部空洞，上部土层因重力下坠瞬间坍塌形成空洞。白蚁危害土坝发生跌窝险情图见图4.1.15。

4）崩堤、垮坝。如果土坝矮小，或超限水位时，如果没能及时发现白蚁造成的危害，或因抢护措施不得力，险情从漏洞发展至跌窝，则极易发生崩堤垮坝。白蚁危害土坝发生溃决险情图见图4.1.16。

图4.1.13 白蚁危害土坝发生漏洞险情图

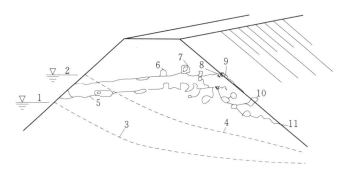

图4.1.14 白蚁危害土坝引发管涌险情示意图

1—正常水位；2—高水位；3—正常水位浸润线；4—高水位浸润线；5—蚁道；6—菌圃（副巢）；7—主巢；8—候飞室；9—分飞孔；10—泥被、泥线；11—漏水孔

图4.1.15 白蚁危害土坝发生跌窝险情图

图4.1.16 白蚁危害土坝发生溃决险情图

4.1.5.2 混凝土坝（浆砌石坝）

根据混凝土坝的特性，混凝土坝易发生的主要问题包括混凝土裂缝、渗漏、剥蚀、碳化等；浆砌石坝可参照执行。

1. 裂缝

（1）裂缝种类及特征。

1）种类。混凝土裂缝按成因分类：包括塑性收缩裂缝、干缩裂缝、温度裂缝、沉降裂缝、应力裂缝、化学反应引起的裂缝、冻涨裂缝、钢筋锈蚀裂缝等。按深度可分为表层裂缝、深层裂缝和贯穿裂缝。按裂缝开度变化可分为死缝、活缝和增长缝等。

裂缝种类判别：根据裂缝的性状和特征来判断。

2）特征。①塑性收缩裂缝：在混凝土在凝结之前，表面因失水较快而收缩产生的裂缝。其特征：裂缝较细小（微裂缝），多呈中间宽、两端细且长短不一，互不连贯状态，大都长度不大，较短的裂缝一般长 20～30cm，较长的裂缝可达 2～3m，宽 1～5mm。走向不定，布满整个表面。②干缩裂缝：裂缝宽度在 0.05～0.2mm 间，深度不大，主要在混凝土表面，裂缝无规律，纵横交错，形似龟纹。③温度裂缝：走向不定，缝宽较小，深度随温度变化（气温高，裂缝变窄，气温低，裂缝变宽）。④沉降裂缝：走向与主拉应力方向垂直，缝宽较大，不随温度变化。通常自底部向上发展贯穿至坝顶，坝体有错动。⑤锈蚀裂缝：沿筋裂缝，使混凝土剥落。⑥碱骨料反应裂缝：混凝土受碱骨料反应膨胀开裂，在少钢筋约束的部位为网状裂缝，在受钢筋约束的部位多沿主筋方向开裂，在很多情况下可以看到从裂缝溢出白色或透明胶体的痕迹。裂缝基本特征表见表 4.1.3。

表 4.1.3　　　　　　　　裂 缝 基 本 特 征 表

种类	形成时间	特征	示意图	备注
塑性收缩裂缝	浇筑后几小时	在干燥条件下浇筑时板表面出现龟裂或长裂缝		裂缝可能很大常有（2～4mm）
干缩裂缝	施工后几个月或几年后	同受弯、受拉裂缝类似		如有钢筋，通常较小（<0.4mm）
温度裂缝	施工后几个月或几年后	沿筋裂缝，使混凝土剥落		
沉降裂缝	施工后几个月或几年后	沿筋裂缝在截面形状变化处开裂		裂缝可能很大（>1mm）
锈蚀裂缝	施工后几个月或几年后	沿筋裂缝，使混凝土剥落		开始小（0.2mm），随时间增长而增大；在潮湿环境下可见锈斑
碱骨料反应裂缝	施工后几个月或几年后	在湿环境下，通常是锡裂，特定骨料时才发生		裂缝可能很大（>1mm）

（2）裂缝检查。裂缝检查的主要目的是查明裂缝的分布特征、宽度、长度、深度以及发展情况等，为裂缝的成因分析和处理提供基础资料。大坝裂缝的检查主要是用肉眼观察，距离较远看不清楚时，可用望远镜观察，上游坝面可坐船观察；发现裂缝时应测出裂缝所在的坝段、高程、宽度、长度、深度、走向等，并详细记载。裂缝检查记录表见表4.1.4。检查的主要内容包括以下几方面：①首先查明裂缝的分布位置和走向，并对需要进一步观察的裂缝统一编号。如裂缝为发展状态，则每次检查时要明确记录检查时间，便于分析趋势。②宽度：裂缝宽度沿其长度方向一般是不均匀的，一条裂缝的宽度测量位置至少两处以上，本处所讲的裂缝宽度是指裂缝最大宽度。可用读数显微镜、塞尺（最薄的为0.02mm；最厚的为3mm）和应变计测量。③长度：在裂缝两端做标记，量测长度，并绘图。④深度：裂缝深度沿其长度方向一般是不均匀的，检查一般只针对裂缝宽度最大处。可选用凿开法和超声波法检测。⑤观察混凝土建筑物的两个对应表面裂缝的位置是否对称，廊道内是否漏水，判断裂缝是否贯穿。⑥观察裂缝形态有无规律性。⑦检查裂缝开裂部位有无钢筋锈蚀和盐类析出。⑧检查裂缝附近混凝土表面的干、湿状态，污物和剥蚀情况。⑨检查裂缝及其端部附近有无细微裂缝等。

表 4.1.4　　　　　　　　**裂 缝 检 查 记 录 表**

日期：　　年　　月　　日　　　　　气温：　　℃　　　　　相对湿度：　　%

序号	裂缝编号	位置	走向				宽度/mm	长度/m	深度/m	渗漏	溶蚀	备注
			垂直	水平	倾斜	环向						

量测工具：　　　　　　量测人：　　　　　　　　记录人：

（3）裂缝是否修补的基本判别。①对钢筋混凝土结构，从耐久性或防水性的要求判断是否需要修补时，要将调查测得裂缝宽度与表4.1.5对照判断。②对大坝上游面、廊道和大坝下游面渗水裂缝应判断为需要修补或加固。对坝顶和大坝下游面不渗水裂缝，经研究后判断是否需要修补。③裂缝开裂处混凝土局部脱落、剥离、松动已威胁人和物的安全，应判断为需要修补。④根据裂缝开裂原因分析构件的承载能力可能下降时，必须通过计算确定构件开裂后的承载能力，判断是否需要补强加固。

表 4.1.5　　　　　　钢筋混凝土结构需要修补的裂缝宽度表　　　　　单位：mm

环境条件类别	按耐久性要求		按防水性要求
	短期荷载组合	长期荷载组合	
一类	＞0.40	＞0.35	＞0.10
二类	＞0.30	＞0.25	＞0.10
三类	＞0.25	＞0.20	＞0.10
四类	＞0.15	＞0.10	＞0.05

注　一类为室内正常环境；二类为露天环境，长期处于地下或水下的环境；三类为水位变动区，或有侵蚀性地下水的地下环境；四类为海水浪溅区及盐雾作用区，潮湿并有严重侵蚀性介质作用的环境。①大气区与浪溅区的分界线为设计最高水位加 1.5m；浪溅区与水位变动区的分界线为设计最高水位减 1.0m；水位变动区与水下区的分界线为设计最低水位减 1.0m，盐雾作用区为离海岸线 500m 范围内的地区；②冻融比较严重的三类环境条件下的建筑物，可将其环境类别提高为四类。

2. 渗漏

（1）渗漏种类。大坝渗漏，按发生部位可分为坝体渗漏、坝基渗漏、绕坝渗漏、伸缩缝渗漏，其中坝体渗漏又分为集中渗漏、裂缝渗漏和散渗。

（2）渗漏检查。大坝渗漏的检查一般用肉眼可观察到，除记录渗漏的地点、特征外，还要测定渗流量。对于集中渗漏，可用导管将渗水引入量杯或量筒内，直接量取单位时间内的渗流量；对于散浸渗漏，可用纱布包上棉花，并称出干重量，再铺在渗漏面上吸水，经一定时间后，记下时间，再称出湿棉花的重量，前后重量相减，即得出单位时间内的渗漏量；对于坝基渗漏，可采用量水堰的方法测定渗漏流量。渗漏情况检查后应填写渗漏情况统计表（表 4.1.6），检查的主要内容包括以下两方面：①渗漏状况：渗漏类型、部位和范围，渗漏水来源、途径、是否与水库相通、渗漏量、压力和流速、浑浊度等。②溶蚀状况：部位、渗析物的颜色、形状、数量。

表 4.1.6　　　　　　　　渗 漏 情 况 统 计 表

序号	渗水点编号	渗漏部位	高程	桩号	渗漏情况	渗漏性质

（3）渗漏是否处理的基本判别。根据检查结果，有下列情况之一的应判断为需要处理：①作用（荷载）、变形、扬压力值超过设计允许范围。②影响大坝耐久性、防水性。③基础出现管涌、流土及溶蚀等渗透破坏。④伸缩缝止水

结构、基础帐幕、排水等设施损坏。⑤基础渗漏量突变或超过设计允许值。

3. 剥蚀和碳化

（1）剥蚀。混凝土坝表面剥蚀现象有磨损、空蚀、冻融和钢筋锈蚀引起的剥蚀等类型（砌石坝表面损坏现象有砌石松动和融蚀等）。

（2）碳化。混凝土碳化是指混凝土本身含有大量的毛细孔，空气中二氧化碳与混凝土内部的游离氢氧化钠反应生成碳酸钙，造成混凝土疏松、脱落。

碳化后使混凝土的碱度降低，当碳化超过混凝土的保护层时，在水与空气存在的条件下，就会使混凝土失去对钢筋的保护作用，钢筋开始生锈。

混凝土碳化情况一般需要经过专门的机构检测才能够得出结论。

4.1.5.3 输（泄）水设施

小型水库的输水设施大多数采用了涵管（洞）取水形式，泄水设施大多数采用了开敞式溢洪道泄水形式。

1. 输水涵管（洞）

由于建设标准低、工程质量差、维修养护不到位等原因，输水涵管（洞）容易发生裂缝、渗漏、断裂、堵塞等问题，严重时会引起坝体塌陷、滑坡，危及大坝安全，甚至溃坝失事。因此，在输水涵管（洞）运用前、运用过程中和运用后进行细致的检查观察，能够及时发现问题，避免险情发生。

（1）常见问题及成因。

1）涵管（洞）断裂。涵（洞）管断裂会破坏涵管（洞）结构，产生漏水，引起土坝渗透破坏。涵管（洞）断裂的原因主要有：①基础处理不当。当涵管（洞）处在两种或两种以上沉陷量不同的基础上时，由于涵管（洞）基础未经加固处理或处理不当，一旦产生不均匀沉降，极易引起管（洞）身断裂。还有不少涵管（洞）铺设在未经处理的软基上，即便是比较均匀的软基，也往往由于涵管（洞）上部坝体填筑高度不同（土坝多为梯形断面），所受到的荷载相差较大，产生不均匀沉降，但设计、施工设置沉陷缝时未考虑这一点，使管（洞）身产出裂缝，甚至断裂。②本身结构强度不够。很多涵管（洞）选用材料不当，施工质量较差，导致本身结构强度达不到要求。尤其是一些混凝土管（洞）由于采用水泥质量低劣、骨料级配不良、均匀性和密实性差等原因，经过一段时间运行后，管（洞）壁出现蜂窝麻面，混凝土碳化等现象，使管（洞）身承载能力大大降低，从而出现裂缝，甚至断裂，并导致渗漏。③无压涵管（洞）有压运行，小型水库涵管（洞）大多设计成无压涵管（洞），但由于管理运用不当，甚至汛期参与泄洪，加大放水量，满水有压运行，造成管身（洞）断裂。④未设置伸缩缝。有一些涵管（洞）较长，但未设置沉陷、伸缩缝，温度变化使其产生裂缝和断裂。

2）涵管（洞）漏水。涵管（洞）除因断裂引起漏水外，还经常发生无断裂漏水。涵管（洞）漏水主要分为沿管（洞）壁外的纵向漏水和穿管（洞）壁的横向漏水。①纵向漏水。多是由于管（洞）壁周围土体填筑质量差，夯压不实，使管（洞）外壁填土和管（洞）壁结合不严密，管（洞）壁与土壤等结合处存在一个层面，蓄水后，水在压力作用下沿层面渗透产生的接触渗漏，逐步形成渗漏通道。特别是通过心墙、斜墙等防渗体的部分，是纵向漏水易发的部位。另外，由于未设置截水环或截水环损坏，导致渗径缩短，使管（洞）壁和土体间易产生接触渗漏。②横向漏水。多是由于涵管（洞）存在断裂、伸缩缝填料老化、接头处理不当、存在冷缝等问题的存在，高压水流沿着这些薄弱环节渗水。一般情况下，涵管（洞）内壁漏水处有结晶物析出或锈斑出现，严重时产生射流。

3）涵管（洞）堵塞。涵管（洞）堵塞主要发生在断面小、强度低的放水涵管（洞）。由于断面较小，时常被块石、树杈、淤泥及其他杂物堵塞，也常因木、瓦、素混凝土等结构承载能力低而被外力压破堵塞。管理不好的常年被堵死，不能放水。这种涵管（洞）堵死后，清理非常困难。

4）涵管（洞）气蚀。气蚀形成的原因主要是由于冲击应力造成的表面疲劳破坏。多是由于涵管（洞）进口形状不当、无压变有压等原因，导致水流流态不顺及多变，水流在与管（洞）内壁接触处的压力低于它的蒸汽压力时形成气泡，或溶解在水流中的气体析出形成气泡，当气泡受压力变化溃灭时产生极大的冲击力和高温，管（洞）内壁长期反复经受这种冲击力，材料发生疲劳脱落，使表面出现小凹坑，进而发展成海绵状破坏。气蚀严重时，甚至可形成大片的凹坑。

（2）常见问题检查。

1）放水期间的检查。放水管（洞）在放水过程中，要经常观察和倾听洞内有无异常声响。如听到洞内有咕咚咕咚地阵发性响声或轰隆隆的爆炸声，说明洞内有明流、满流交替的情况或产生了气蚀现象。要观察出流有无浑水，出口流态是否正常，流量不变的情况下水跃位置有无变化，主流流向有无偏移，两侧有无漩涡等。若库内水不浑而管（洞）内流出浑水，则有可能管（洞）壁断裂且有渗透破坏现象，要关闸检查处理。

2）放水前后的检查。放水管（洞）在放水之前和放水停止后，要进行全面的检查。主要检查管（洞）内壁有无裂缝、错位变形，漏水孔洞、闸门槽附近有无气蚀等现象。不能进管（洞）内检查时，要在管（洞）口观察管（洞）内是否有水流出，倾听管（洞）内是否有异样滴水声，出口周围有无浸湿或漏水现象。进管（洞）内检查时要特别注意给管（洞）内送风，避免检查人员在管（洞）内缺氧窒息。

2. 溢洪道

（1）常见问题及成因。

　　1）冲刷和淘刷。溢洪道陡坡段、消力池和海漫部分产生冲刷和淘刷的主要原因：由于施工质量差、不平整、接缝未做止水、底板下没有排水设施、底板厚度不够、消力池长度不够等原因，在动水压力作用下，发生气蚀、底板掀起、底板下淘空、底板变形破坏等现象，必须及时进行处理，以免损坏的部分进一步恶化，导致整个建筑物的破坏。

　　陡坡底板损坏的主要原因是底部扬压力过大。

　　2）裂缝和渗漏。详见混凝土坝的相关内容。

　　3）岸坡滑塌。溢洪道岸坡滑塌一般多发生在进口深挖段，通常该部位边坡较陡，易发生该问题。

　　（2）常见问题检查。

　　1）泄洪前的检查。水库泄洪之前，要组织技术力量进行详细检查。

　　主要看泄洪通道上是否有影响泄水的障碍物，两岸山坡是否稳定，如果发现岩石或土坡松动出现裂缝或塌坡，则要及早清除或采取加固措施，以免在溢洪时突然发生岸坡塌滑，堵塞溢洪道过水断面的险情。

　　检查溢洪道各部位是否完好无损，如闸墩、底板、边墙、胸墙、溢流堰、消力池等结构，有无裂缝、损坏和渗水等现象。对于底板淘刷架空现象的检查，可用锤或钎敲击底板，如发出的是咚咚的声音，则底板下已被淘刷架空。

　　2）泄洪过程中的检查。要随时观察建筑物的工作状态和防护工作，严禁在泄水口附近捞鱼或涉水，以免发生事故。

　　3）泄洪后的检查。溢洪后要及时检查消力池，护坦、海漫、挑流鼻坎、消力墩、防冲齿墙等有无损坏或淘空，溢流面、边墙等部位是否发生气蚀损坏，上下游截水墙或铺盖等防渗设施是否完好，伸缩缝内、侧墙前后有无渗水现象等。

4.1.5.4　闸门和启闭设施

　　小型水库的闸门多为平板闸门，少部分为弧形闸门。启闭机多为螺杆式，少部分为卷扬式。根据小型水库管理的特点，闸门必须要做到安全可靠，启闭灵活。如果闸门关闭不严，会造成水量损失，影响效益；开启不灵活，会造成水位壅高，严重时会造成大坝漫顶失事。因此，必须认真检查。

　　1. 闸门常见问题

　　闸门槽有无堵塞物、气蚀损坏现象，闸门主侧轮有无锈死不转动，止水设施是否破损，门页有无扭曲变形、裂纹、脱焊、油漆剥落、锈蚀等，闸门部分开启闭时有无震动情况等。

　　2. 启闭设备常见问题

　　启闭型式不同，问题也略有不同。包括润滑系统是否干枯缺油，吊点结构是否牢固可靠，固定基脚是否松动，齿轮及制动是否完好灵活，电源系统是否畅通，连接闸门的螺杆、拉杆、钢丝绳有无弯曲、断丝、损坏等现象，备用启闭方式是否有效。

开闸放水之前要试运行，观察启闭过程中是否灵活，工作状态是否正常。发现不正常的响声、震动、发热等情况，要立即停止并进行检修。

4.2 大坝观测

大坝观测工作是保证水库安全运行的重要措施之一。水库运行中的许多动态变化，肉眼不易观察或巡视检查难以量化，如坝体变形、渗流量、库水位等变化，需要借助仪器设备测得数据后分析，才能了解和掌握工程变化情况和规律。大坝观测成果与巡视检查结果相互对比和印证，能够更为准确、有效地判断工程的安全状况。

由于建设标准普遍偏低，现有规范中也无明确规定，大多数小型水库未设置观测设施或者项目不全，造成小型水库运行管理上的缺陷。

4.2.1 基本要求

（1）从小型水库运行管理的需要出发，为监视工程安全动态，及时掌握变化情况，有效防止险情发生，小型水库尤其是重要小型水库要设置一些基本的、必要的观测项目。重要小型水库中，土石坝一般需要设置渗流观测（浸润线、渗流量）、变形观测（水平位移、垂直位移）、水文观测（水位、降雨量）等项目；混凝土坝（浆砌石坝）一般需要设置渗流观测（扬压力、绕坝渗流、渗流量）、变形观测（坝体位移、裂缝变化）、水文观测（水位、降雨量）等项目。一般小型水库需设置渗漏量、水位、降雨量等观测项目。

（2）土石坝渗流观测一般每月不少于 2 次，位移观测一般每年不少于 2 次，水文观测一般每日 1 次；混凝土坝（浆砌石坝）渗流观测一般每月不少于 2 次，变形观测一般每月 1 次，水文观测一般每日 1 次。

（3）当发生有感地震、大洪水、库水位骤变，以及大坝工作状态出现异常等特殊情况时，要对重点部位的有关项目增加测次，加强观测。

（4）相互有关的观测项目（如裂缝、渗漏等），要力求同一时间进行观测。

（5）如有异常，要立即复测。当影响工程安全时，要及时分析原因和采取对策，并上报主管部门。

（6）要保证在恶劣气候条件下，仍然能进行大坝观测。

（7）各项观测要使用标准记录表格，认真记录、填写，严禁涂改、损坏和遗失，观测数据要随时整理、归档。做到观测连续、数据可靠、记录真实、整理及时。

（8）监测资料的整理分析是大坝安全监测必不可少、不可分割的组成部分。要认真做好监测资料的整理分析工作。

（9）观测资料要归档管理。

（10）已建坝的监测设施不全或损坏、失效的，要根据情况尽可能予以补设或更新改造。

4.2.2　主要步骤

1. 原始观测数据采集、检验与误差分析

管理人员通过大坝观测仪器采用人工或自动化观测方法从现场取得原始观测数据，然后进行校验，去伪存真，去粗取精，获得大坝安全状态分析所需的成果资料。在校验数据的过程中，首先要检查观测仪器是否正常，作业方法是否合乎规定，再检查各个数据的数值误差是否超过允许值，是否符合精度要求，是否存在系统误差或错误，发现错误后要立即重测，对异常数据要查明原因并立即重测，对无法解释的异常数据要剔除。

2. 物理量换算

原始观测数据经校验和处理后，要依据观测的方法和仪器特性，采用相应的方法和计算公式将其换算成对应的物理量，如水平位移、垂直位移、应力等。物理量的计算公式要正确，有效数字的位数要与仪器读数精度一致，计算成果要进行全面检查、重点复核和合理性审查等，以确保成果准确无误。

3. 数据填表绘图

观测物理量换算完成以后，要按规定的数据记录表格填表或存入计算机，并随时点绘观测物理量的过程线图。

4. 异常值判别及资料初步分析

在过程线图上，要初步考察和判断测值的变化趋势，判断有无异常观测值并分析剔除。如在趋势上发现异常情况，要及时分析原因，并提出专项文字说明。对原因不详者，应及时重测一次，以验证观测值的真实性，还要向上级主管部门报告。

5. 资料整编

定期整编刊印是在平时资料整理基础上，对监测资料进行全面整理汇编。要对观测物理量进行全面统计，绘制各种观测物理量的分布和相互间相关图形等。整编成果要项目齐全、考证清楚、数据可靠、图表完整、规格统一、说明完备。定期资料编印时段一般为3～5年。

6. 资料分析

资料分析一般采用比较法和作图法进行分析。其中比较法是通过对各观测物理量数值的变化规律或发展趋势进行比较预计工程安全状况的变化，通过观测成果与设计或试验的成果相比较，看其规律是否具有一致性和合理性。作图法是通过绘制观测物理量的过程线图或特征过程线图、相关图、分布图等，直观地了解观测物理量的变化规律，判断有无异常。

7. 安全预报与反馈

通过资料分析，判断各观测物理量的变化和趋势是否正常，是否符合技术要求，从而评估出大坝的安全状况。根据资料分析和巡视检查找出的大坝潜在问题，提出改善大坝运行管理、维修养护的意见和措施。

4.2.3 渗流观测

大坝渗流不仅会引起水量的损失，同时渗流压力对坝体和坝基也会产生不利影响，严重时会造成土石坝坝坡失稳、坝体和坝基渗透破坏，混凝土坝扬压力增大等危及大坝安全的严重后果。因此，为掌握大坝实际渗流情况，确保工程安全，必须安设一定的观测设施进行渗流观测。根据观测所得数据，可以判断出大坝的渗透现象是否正常、坝身是否安全。小型水库的渗流观测项目主要包括渗漏量观测与渗流压力观测。

4.2.3.1 渗流量观测

1. 观测设备布置

渗流量观测设备，要根据渗水地点、汇集条件、渗流量大小，结合采用的方法进行布置。

观测坝身、坝基、绕坝的渗流量时，一般在坝下游能汇集渗水的地方，设置集水沟。在集水沟出口处布置量水设备。

当渗透水流可以分区拦截，且进行分区观测有利于分析问题时，可分区设集水沟，末端归入总排水沟，在集水沟和总排水沟上同时进行观测。

集水沟和量水设备要布置在不受泄水建筑物泄水影响、不受坝面及两岸排泄雨水影响的地方。同时要结合地形尽量做到平直整齐，便于观测。土坝渗流观测设备布置示意图见图 4.2.1。

2. 观测方法

根据渗流量的大小和渗流汇集条件，渗流量观测一般可采用容积法、量水堰法。当流量小于 1L/s 时，宜采用容积法；当流量在 1～300L/s 之间

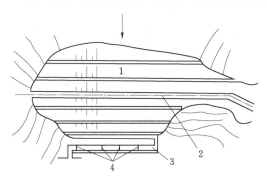

图 4.2.1 土坝渗流观测设备布置示意图
1—大坝上游坡面；2—坝顶；3—集水沟；4—量水堰

时宜采用量水堰法。

（1）容积法。适用于渗流量小于 1L/s 的情况。观测时需计时，计时开始时，计秒表归零，检查承水容器是否完好可用并无杂物，将渗水全部引入承水容器，并同时按动秒表开始计时。当计时到 2min 时，同时停止计时和装渗水，量出容器内的水量和记取的时间，即可算出渗流量。每次充水时间不得少于 10s。两次观测值之差不得大于所测得的平均渗流量的 5%。

（2）量水堰法。量水堰要设在集水沟的直线段上，一般采用三角形量水堰形式。量水堰的上下游集水沟均需护砌，要求不漏水，不受其他干扰，以免影响观测精度。集水沟断面大小和堰高的设计，要使堰下游水面低于堰口，保证堰口为自由溢流。首先在指定的测点上放平测针，让测针针尖接近水面，并通过微调使针尖恰好接触水面，读出测针整数和小数部分的刻度，读数读至 0.1mm，连续进行两次观测，取两次观测平均值为最后读数。量水堰结构、直角三角堰堰板示意图分别见图 4.2.2 和图 4.2.3。

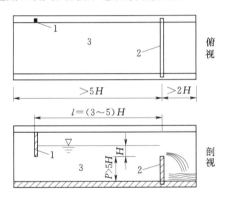

图 4.2.2　量水堰结构示意图

1—水尺；2—堰板；3—集水沟

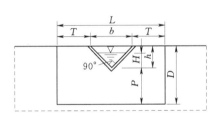

图 4.2.3　直角三角堰堰板示意图

3. 观测记录与分析

每次观测都要认真做好记录，各类记录表分别见表 4.2.1 和表 4.2.2。

表 4.2.1　　　　　　　　容积法渗流量观测记录表

观测地点：　　　　　　　　观测时间：　　　　　　　　　　第　　页

观测时间		充水容积/L	充水时间/s	渗透流量/(L/s)	渗水透明度	相应水位/m		最近一次降雨情况		天气情况	气温/℃	备注
月	日					上游	下游	截止时间	降雨量/mm			

观测：　　　　　　　计算：　　　　　　　校核：

表 4.2.2   量水堰法渗流量观测记录表

量水堰编号：   观测时间：   第   页

观测时间		充水容积/L	充水时间/s	渗透流量/(L/s)	渗水透明度	相应水位/m		最近一次降雨情况		天气情况	气温/℃	备注
月	日					上游	下游	截止时间	降雨量/mm			

| 观测： | 计算： | 校核： |

通过对渗流量观测记录资料分析，看渗漏量过程线变化情况，以及渗漏量与库水位的关系，判断渗漏情况。通常，在同一库水位情况下，渗漏量无变化或逐级减少，属正常渗漏，反之为异常；如渗漏量与库水位关系突然改变，在相同条件下有较大增长，亦为异常渗漏。一般而言，观测资料分析要结合巡视检查情况综合来判断。

4.2.3.2 渗流压力观测

1. 土石坝

小型土石坝工程渗流压力观测主要为浸润线观测。浸润线的高低与变化，与土石坝的安全密切相关。如果实际浸润线位置高于设计值，往往会降低坝坡稳定性，严重时会造成坝坡失稳。

（1）观测设备及其布置。土石坝浸润线常用观测设备为测压管和渗压计，其中渗压管是一种应用最早、结构最简单的渗压计，也是小型水库使用最普遍的观测设备。利用测压管观测，绘制的浸润线直观且测压管埋设简单。通常情况下，作用水头小于 20m，渗透系数大于等于 10^{-4}cm/s 的土体，渗透压力变幅小的部位、监视防渗体裂缝等，宜采用测压管；作用水头大于 20m，渗透系数小于 10^{-4}cm/s 的土体，观测不稳定渗流过程及不适宜埋设测压管的部位（如铺盖），宜采用渗压计。

浸润线的横向观测断面宜布置在坝体最重要、最具代表性和有可能发生异常渗流的位置上，如原河床最大坝高处、合拢段、帷幕灌浆转折的坝段和地质构造复杂的谷岸台地坝段等。观测断面一般不少于 3 个。观测横断面上的测点布置要能测出浸润线的实际形状、能充分绘出坝体各组成部分在渗流状态下的工作状况，一般设置 3～4 条观测铅垂线。一般在均质坝横断面中部、心（斜）墙坝的强透水区，每条观测铅垂线可只设 1 个测点，高程在预计最低浸润线以下；在浸润线变幅较大处、渗流进出口段、渗流相异性明显的土层等，要根据浸润线预计最大变幅沿不同高程布点，每条观测铅垂线上布测点不少于 2～

3个。

（2）观测方法。小型水库的测压管水位观测，多采用电测水位计和测深钟来测量管中的水面高程。有条件的可采用示数水位计、遥测水位计或自记水位计等。使用电测水位计和测深钟时，测压管水位两次测读误差应不大于2cm；电测水位计的测绳长度标记，应每隔1～3个月用钢尺校正1次；测压管的管口高程，每年至少要校测1次。

采用振弦式孔隙水压力计（渗压计）的压力观测，应采用频率接收仪。测读操作方法应按产品说明书进行，两次读数误差应不大于1Hz。测值物理量用测压管水位来表示。有条件的也可用智能频率计或与计算机相连。

2. 混凝土坝

小型混凝土坝工程渗流压力观测主要为扬压力观测。扬压力减小了大坝的有效重量，对建筑物的抗滑稳定极为不利，其大小直接关系到大坝的安全性。进行扬压力原型观测可以掌握扬压力的变化、分布，从而判断建筑物的实际稳定性。

（1）观测设备及其布置。小型水库的坝基扬压力观测大多数为埋设测压管进行观测，也可在测压管内放置渗压计进行遥测，也有部分水库为渗压计观测。渗压计灵敏、精度高，但长期在水下工作，设备容易损坏，造价高，修复难度大。因此，为了能够长期有效地监测扬压力，测压管观测有一定优势。扬压力测压管包括单管式、多管式和U形测压管。多管式即一孔埋设多个分层测点，U形测压管便于冲洗，可防止浆液、杂物或基础析出物堵塞测压管。

坝基扬压力观测要根据建筑物的类型、规模、坝基地质条件和渗流控制的工程措施等设计布置。一般应设纵向观测断面1～2个，横向观测断面至少3个。纵向观测断面宜布置在第一道排水幕线上，每个坝段至少应设一个测点；若地质条件复杂时，测点数应适当增加，遇大断层或强透水带时，可在灌浆帷幕和第一道排水幕之间增设测点，横向观测断面选择在最高坝段、岸坡坝段及地质构造复杂的谷岸台地坝段，横断面间距一般为50～100m；如坝体较长，坝体结构和地质条件大体相同，则可加大横断面间距。对支墩坝，横断面可设在支墩底部。横断面上的测点应布置在各排水幕线上。有横向基础廊道时，测点可适当加密。在防渗墙或板桩后宜设测点。有下游帷幕时，应在其上游侧布置测点。地质条件良好的薄拱坝，经论证后可少作或不作扬压力观测。坝后厂房的建基面上，宜设置扬压力测点。扬压力观测孔在建基面以下的深度，不宜大于1m。扬压力观测孔与排水孔不宜互相代用。坝基若有影响大坝稳定的浅层软弱带，应增设测压管。测压管的进水管段应埋设在软弱带以下0.5～1m的基岩中。应作好软弱带处导水管外围的止水，防止下层潜水向上渗漏。

（2）观测方法。扬压力测压管中的水位低于管口的，观测方法可参照土石坝浸润线测压管观测方法。管中水位高于管口的,一般宜采用压力表观测。采用压力表观测时,要根据管口可能产生的最大压力值,选用合适量程的压力表,使其读数在 $1/3 \sim 1/2$ 量程之间。压力表的精度不能低于 1.5 级,且每年进行检验。压力表不宜经常拆卸,对于拆卸后重新安装的压力表,要在稳定后方可读数。

4.2.4   变形观测

运行初期的土石坝在自重和水压力的作用下会发生渗透固结变形,混凝土坝(浆砌石坝)在水压力、温度及自重等荷载作用下,会产生向下游滑动或者倾覆的趋势,会产生水平位移、垂直位移或挠曲等变形,另外坝体间的接缝宽度也会因多种因素影响产生变化,坝体局部会有裂缝产生。在正常情况下,这些变形有一定规律,通过变形观测可以及时发现异常变形,查出安全隐患。因此,大坝变形观测对确保建筑物安全运行也具有十分重要的意义。有条件的小型水库,应当开展变形观测。

4.2.4.1   水平位移观测

1. 观测方法和要求

小型水库只要求进行横向水平位移观测,一般用视准线法测量,可采用经纬仪或视准仪。当视准线长度大于 500m 时,应采用 J1 级经纬仪。运行期水平位移观测次数每年 6～2 次,变形性态变化速率大时,测次应取上限,性态趋于稳定时可取下限,如遇特殊情况(如高水位、库水位骤变、特大暴雨、强地震等)和工程出现不安全征兆时,要增加测次。

2. 测点布置

位移测点的布置视大坝的规模而定,一般在坝顶靠下游的坝肩布设一排测点,下游坝坡布置 1～2 排,上游坝坡正常蓄水位以上布置一排。测点位置通常选在最大坝高或原河床处、合拢段、地形突变处、地质条件复杂处、坝内埋管及运行有异常反应处,并使各纵排的测点都在相应的横断面上。测点距离取 20～50m。每排测点延长线两端山坡上各设一个工作基点。为了校测工作基点有无变化,在两个工作基点延长线上各埋设一个校核基点。水平位移测点平面布置和横断面布置示意图分别见图 4.2.4

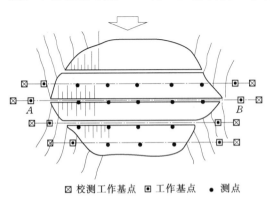

⊠ 校测工作基点 ⊡ 工作基点 ● 测点

图 4.2.4   水平位移测点平面布置示意图

和图 4.2.5。

3. 观测设施及其安装

观测设施系指供观测的测点和基点。测点和基点的结构必需坚固可靠、不易变形、美观大方、方便实用。

（1）工作基点。供司测时安置经纬仪和觇标以构成视准线的工作站点。工作基点埋设在两岸山坡上，一般宜采用整体钢筋混凝土结构，由立柱和底盘构成，立柱高度以司镜者操作方便为准，但应大于 1.2m、截面为 40cm×40cm，底盘为 1.0m 见方、厚 0.3m。立柱顶部安设强制对中式底盘，对中误差应小于 0.1mm（见图 4.2.6）。

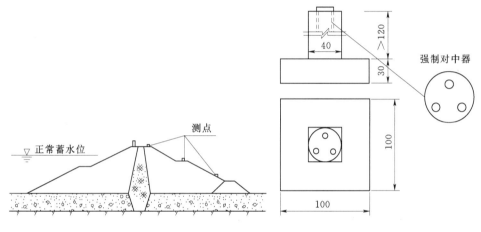

图 4.2.5　水平位移测点横断面布置示意图

图 4.2.6　强制对中式工作基点结构示意图（单位：cm）

（2）位移测点。埋设在坝体上供观测位移的标点。该测点一般同时兼作垂直和水平位移的测点。型式可采用混凝土墩式结构，其立柱顶应高出坝面 0.6~1.0m，立柱顶部应设有强制对中底盘，对中误差应小于 0.2mm（见图 4.2.7）。

（3）测点的安装。测点和基点的底座埋入土层的深度不小于 0.5m，冰冻地区应深入冰冻线以下。并同时设置防护设施，防止雨水冲刷、护坡块石挤压和人为破坏。埋设时，应保持立柱垂直，仪器基座水平，并使各测点强制对中底盘中心位于视准线上，

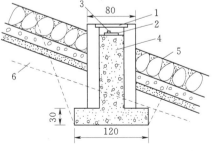

图 4.2.7　位移测点结构示意图（单位：cm）
1—盖板；2—带十字线铁板；3—位移标头点；
4—混凝土；5—块石护坡；6—冰冻深度

其偏差不得大于 10mm，底盘调整水平，倾斜度不得大于 4′。

（4）校核基点。结构型式及埋设要求与工作基点相同。

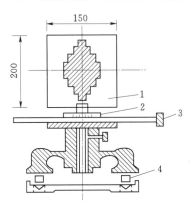

图 4.2.8   活动觇标示意图（单位：cm）

1—水泡；2—刻度尺；3—水平微动
螺丝；4—调整螺丝

（5）观测觇标。供经纬仪瞄准构成视准线或观测各测点位移对点的标视物，可采用活动觇标。活动觇标示意图见图 4.2.8。

（6）观测方法。一般用经纬仪采用视准线法进行水平位移观测。

4.2.4.2   垂直位移观测

1. 观测方法和要求

小型水库大坝竖向位移观测，一般用普通三等水准法测量，其往返闭合差不得大于 $\pm 1.4 N$ mm（N 为测站数）。

2. 测点布置

控制点位一般采用三级点位，两级控制。三级点位即水准基点、起测基点和位移测点；两级控制即由水准基点控制起测基点，由起测基点控制观测位移测点。小型水库可直接由水准基点观测位移测点。

（1）水准基点。一般在坝下游 1～3km 处布设 2～3 个，采用混凝土水准基点。水准基点结构示意图见图 4.2.9。

（2）起测基点。可在每一排测点两端的岸坡上各布设一个，其高程宜与测点高程相近。起测基点结构示意图见图 4.2.10。

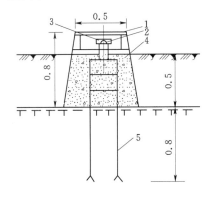

图 4.2.9   水准基点结构示意图（单位：m）

1—盖板；2—标点；3—管帽；
4—混凝土墩；5—钢筋

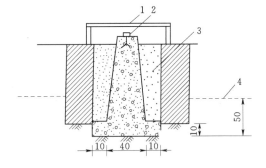

图 4.2.10   起测基点结构示意图（单位：cm）

1—盖板；2—标点；3—填沙；4—冰冻线

（3）竖向位移测点。一般与水平位移测点共用。

3. 观测方法

采用水准仪按三等水准测量要求进行。

4.2.5 水文观测

水文观测是了解和掌握各种水文变化情况，分析计算水库的水账，为水库调度运用、保证工程安全、充分发挥效益提供科学依据。小型水库的水文观测主要包括水位观测、降雨量观测。

4.2.5.1 水位观测

水位观测主要包括库水位观测和放水建筑物上下游水位观测，其中最主要的是库水位观测。库区水位观测能够测定水库水位变化情况，并由此推求水量的变化。水位观测资料是水库安全运行、水情预报的重要依据。

1. 观测设备及测点布设

常用的水位观测设备有水尺、自记水位计和遥测水位计等，其中水尺是最为常见的设备，单位以 m 计，取小数点后 2 位。

小型水库可以只设坝前库水位观测点，以坝前水位作为水库的平均水位。坝前水位观测点可设在主坝附近，但必须距离放水、泄水建筑物一定距离，以免放水时的水位降落影响观测数值。观测点位置要选择在土质坚固、不易塌岸、风浪较小而又便于观测的岸坡。一般不将水尺设在坝坡上，因为坝身的沉陷会影响水位观测成果的真实性。

进行建筑物上下游水位观测时，上游水位一般以坝前水位代替，不必另设；下游水位观测点要设在水流平稳、不受水跃或回流影响的地方。

2. 观测次数

（1）在枯水期，不下雨、不调水或库水位平稳时，每天早上 8 时观测水位一次。

（2）在汛期期间，每天 8 时、20 时观测水位两次。库区内有降雨，来水量加大，库水位上升每小时超过 0.04m，从水位上升时起每隔一定时间（1h 或 2h）观测水位一次。

（3）水库开始调水、停止调水时各加测一次。

（4）水库开始溢洪及停止溢洪各加测一次，溢洪期间每隔一定时间观测一次。

3. 观测方法

测读水尺水位时，观测者尽量蹲下，视线接近水面。读取水面反映在水尺刻线上的数值，即水尺读数。有波浪时读最大值和最小值，然后取两者平均值作为最后水尺读数。水尺读数加上水尺零点高程等于水位。从库容查算表上查出所测量水位下对应的库容，将水位、库容记录到《水库水位、降雨量观测记录表》。该记录表中，分别列出坝前、溢洪道和放水管（洞）3个观测点的记录内容，其中：水库蓄水量一栏，可根据坝前水位，从水位—库容曲线上查得；下泄流量或放水流量，可从水位—流量关系曲线上查得。

4.2.5.2　降雨量观测

1. 一般规定

降水量是计算水库水账，掌握水库水情的一个基本因素。降雨量是以降落到地面的水层深度来表示，观测设备常用20cm雨量器，有条件的水库可用自记雨量计或自动测报雨量计，单位以mm计，取小数一位。所测降雨量乘以库区集雨面积即为降落到库区的降雨总量。小型水库的来水面积不大，一般可在坝址附近设观测站。观测场地要选择在四周空旷、平坦、无干扰的地点。观测场地大小视观测仪器的类型和数量而定。降雨强度划分表见表4.2.3。

表4.2.3　降雨强度划分表　单位：mm

等级	12h	24h
小雨	<5.0	<10
中雨	5.0～14.9	10.0～24.9
大雨	15.0～29.9	25.0～49.9
暴雨	30.0～69.9	50.0～99.9
大暴雨	70.0～139.9	100.0～200.0
特大暴雨	>140.0	>200.0

2. 观测规定

（1）除每天8时观测一次外，降大雨之日应在20时验查一次。

（2）暴雨时适当增加观测次数。

（3）自动雨量计有降雨时每天8时换自记纸，无降雨时可几天换一次，记录纸上要注明每天降雨量。

（4）以每日8时作为日分界，以本日8时至次日8时的24h内所有降雨量为本日降雨量。

3. 观测方法

（1）雨量器观测方法。①从雨量器中小心取出承雨瓶。②将瓶内的水倒入雨量杯。③将雨量杯放在水平桌面上。④视线与水面平齐，以凹月面最低处为准，读取刻度数。⑤将读数记录到《水库水位、降雨量观测记录表》。

（2）自动雨量计观测方法。①在自记纸上作记号，注明日期、时间。②更换自记纸，上纸要做到纸底边与钟筒底缘对齐，纸面平整，纸首尾的纵坐标衔接。③上划条对准时间，划时间记号、并在纸左边注明日期、时间。④量读储水瓶内水量，并检查漏斗有无杂物堵塞。

4. 观测记录

将观测数据记录到《水库水位、降雨量观测记录表》，并在降水量数值的右侧注记雪、雹的符号。

5. 雨量器的维护

（1）注意清除承水器、储水瓶内的昆虫、尘土、树叶等杂物。每次观测后必须将承水器放好，否则会造成承水器倾斜等现象。

（2）每月检查一次雨量器的水平情况、外筒有无漏水现象，发现问题及时纠正。

（3）承水器的刀刃口面要保持正圆，避免碰撞。

5 维修养护

　　水库建成以后，在长期的运行过程中，经常受到自然和人为因素的影响，各种建筑物会逐渐遭受不同程度的损坏。如不及时进行维修和养护，将进一步加剧建筑物的损坏程度和损坏速度，影响建筑物的正常运行，严重的会使建筑物遭受破坏，甚至导致垮坝失事，给国家和人民生命财产带来不可弥补的损失。因此，必须对水库建筑物及其附属设施经常进行养护和修理，使建筑物始终保持完整良好的工作状态，才能保证工程安全运行，充分发挥效益。

　　水库工程养护修理，必须坚持"经常养护，随时维修，养重于修，修重于抢"的基本原则，首先做好工程的养护工作，防止损坏的发生和发展；在发生损坏后，必须及时修理，防止扩大；修理时要做到安全可靠、技术先进、注重环保、经济合理，达到恢复或局部改善原有工程结构状况的目的。

　　水库工程维修养护工作主要包括养护和修理两方面工作。

　　1. 养护

　　养护工作包括日常安全防护和日常养护。其中日常安全防护是指为消除危害建筑物的社会行为和人为损害所做的日常保护工作；日常养护是指为保持工程完整、防止建筑物发生损坏所做的日常保养维修和局部修补工作。

　　2. 修理

　　修理只是对原有工程进行修复或加固，不改变原有工程型式和结构；如果改变原有工程结构型式和规模，则属于改建或扩建性质，不属工程修理范畴，应列入基本建设计划，按基建程序报批后进行。

　　修理工作包括岁修、大修和抢修。其中，岁修是指一年一度对建筑物进行的全面整修工作；大修是指建筑物遭到较大程度的破坏，需要进行工程加固，才能恢复正常运行；抢修是指建筑物遭受突然破坏，造成险情，危及工程安全的情况下，进行的紧急抢护措施。在汛期或高水位情况下，大坝发生异常渗漏、滑坡、塌坑、严重淘刷等现象，都属危及大坝安全的险情，必须进行紧急抢修。

岁修和大修所进行的工程是永久性工程，抢修多属临时性的抢护工程，事后还要再按永久性工程进行大修处理。凡影响安全度汛的修理工程，要在汛前完成；汛前完不成的，要采取临时安全度汛措施。

岁修、大修和抢修项目的程序如下：

（1）岁修工程项目。要由管理单位提出岁修计划，上报主管部门审批，岁修计划经主管部门审批后，由管理单位组织实施。岁修工程要由具有相应技术力量的施工队伍承担，水库管理单位若具有相应技术力量也可自行承担，但必须明确工程项目负责人，建立质量保证体系，严格执行各项质量标准和工艺流程，确保工程施工质量。

（2）大修工程项目。应由管理单位提出大修工程的可行性研究报告，向上级主管部门申报立项，经上级主管部门审批后，管理单位要根据批准的工程项目组织设计和施工。小型水库的大修工程项目要由具有丙级以上资质的设计单位进行设计，由具有相应施工资质的施工队伍承担，并应按照招标投标制度和监理制度进行。大修工程完工后，必须由工程项目审批部门主持验收。

（3）抢修工程项目。险情发生后，管理单位要立即向上级主管部门和有关防汛部门报告，并迅速做出分析和判断，商定抢修方案，及时组织抢修。同时，应迅速降低库水位，减轻险情压力和抢修难度，但为防止险情进一步恶化，库水位的降低速度应不超过允许骤降设计值；能按永久性要求抢修的险情，应按永久性要求进行一次性的抢修；不能按永久性要求抢修的险情，要采取临时性措施抢修，防止险情扩大，确保大坝安全，汛后再按大修处理程序进行彻底处理。

本章以下内容主要介绍养护和岁修的工作内容，有关抢修详见本书第6章内容，大修按工作程序参考有关除险加固办法组织实施。

5.1 土石坝维修养护

土石坝维修养护的主要内容包括日常安全防护、日常养护和常见病害修理。

5.1.1 日常安全防护

按照国家有关法律法规的规定，土石坝日常安全防护主要包括以下几方面内容：

（1）坝面上不得种植树木和农作物，不得挖坑、放牧、铲草皮以及搬动护坡和导渗设施的砂石材料等。

（2）严禁在坝顶、坝坡、平台（马道）上堆放杂物、大量物料和晾晒粮草等，以免引起不均匀沉陷或局部塌滑；坝坡不得修建或作为码头停靠船只和装卸货物，船只在坝坡附近不得高速行驶，以免船行波对坝坡造成破坏；不得在坝坡和坝顶上修建渠道，以免因大量渗漏而造成滑坡；坝前如有较大的漂浮物和树木应及时打捞，以免坝坡受到冲撞和损坏。

（3）严禁在工程管理和保护范围内进行爆破、打井、采石、采矿、挖沙、取土、修坟等危害大坝安全的活动；库区内禁止炸鱼等活动。

（4）在建筑物的管理和保护范围内修建码头、鱼塘，必须经大坝主管部门批准，与坝脚和泄水、输水建筑物保持一定距离，不得影响大坝安全、工程管理和抢险工作。

（5）大坝坝顶严禁各类机动车辆行驶。若大坝坝顶确需兼做公路，须经科学论证和上级主管部门批准，并应采取相应的安全维护措施。

（6）作为饮水水源地的小型水库，应禁止网箱养鱼、限制开发旅游等项目。

（7）在工程管理和保护范围内一切违反大坝安全管理的行为和事件，要立即制止和纠正。

5.1.2　日常养护

日常养护工作就是对大坝各部位的损坏进行小修小补，维护大坝的完整。

1. 坝顶和坝端

坝顶养护要做到坝顶平整，无积水，无杂草，无堆积物；防浪墙、坝肩、踏步完整；坝端无裂缝，无坑凹，无堆积物。

如坝顶出现坑洼和雨淋沟缺，应及时用相同材料填平补齐，并保持一定的排水坡度；对经主管部门批准通行车辆的坝顶，如有损坏，应按原路面要求及时修复，不能及时修复的，应用土或石料临时填平；坝顶的杂草、杂物要定期清除。

防浪墙、坝肩和踏步出现局部破损，要及时修补或更换。

坝端出现局部裂缝、坑凹，要及时填补，发现堆积物要及时清除。

2. 坝坡

坝坡养护要达到坡面平整，无雨淋沟缺，无灌木杂草滋生现象；护坡砌块要完好，砌缝紧密，填料密实，无松动、塌陷、脱落、风化、冻毁或架空等现象。

对于干砌块石护坡，要及时填补个别脱落护坡石料，砌紧松动的护坡石料；个别石块风化或冻融，要及时更换；块石塌陷、垫层被淘刷时，要先翻出块石，恢复坝体和垫层后，再将块石砌紧。

对于混凝土或浆砌块石护坡，如发现破损或裂缝，要及时修补，当伸缩缝内填料流失，要先将缝内杂物冲洗干净，再按设计要求补入同样填料；排水孔如有不畅，要及时疏通或补设；若护坡破碎面较大，且垫层被淘刷、砌体有架空现象时，要用石料作临时性填塞，岁修时进行彻底整修。

对于草皮护坡，要清除杂草；若有雨淋沟缺等局部损坏，要及时修整，局部缺草，要在适宜季节补植或更换新草皮；干旱季节，要对草皮洒水养护。

对于堆石护坡或碎石护坡，石料如有滚动，造成厚薄不均时，要及时进行平整。

对于严寒地区的护坡养护，在冰冻期间要防止冰凌对护坡的破坏。

3. 排水设施

各种排水、导渗设施要达到无断裂、损坏、阻塞、失效现象，排水畅通。

要及时清除排水沟内的淤泥、杂物等，保持通畅；局部松动、裂缝和损坏，要及时用水泥砂浆修补。

排水沟的基础如被冲刷破坏，要先恢复基础，再修复排水沟；修复时，要使用与基础同样的土料，恢复到原来断面，并夯实；排水沟如设有反滤层时，也要按原标准恢复。

坝趾导渗排水设施，要经常观察渗水是否畅通，如果堵塞，要重新翻修，使其符合反滤要求。

4. 观测设施

各种观测设施要保持完整，无损坏、变形、堵塞等现象。

要定期检查各种变形观测设施的保护装置是否完好，标志是否明显，随时清除观测障碍物；观测设施如有损坏，要及时修复并校正。

测压管口及其他保护装置，要随时加盖上锁；如有损坏要及时修复或更换。

水位观测尺若受到碰撞破坏，要及时修复，并校正。

量水堰板上的附着物和量水堰上下游的淤泥或堵塞物，要及时清除。

5. 坝基和坝区

发现坝区范围内有白蚁活动迹象时，要及时进行治理。

发现坝基范围内有新的渗漏逸出点时，不要盲目处理，要设置观测设施进行观测，待弄清原因后再进行处理。

5.1.3 常见病害修理

土石坝最常见的病害是渗漏、裂缝、滑坡、塌坑以及护坡损坏等，通过日常的修理，可以达到解除或缓解险情的目的，大为减轻其严重程度，并可防止事故的突然发生。但对于一些重大病害现象修理，则属于大修范畴，需要按照规定程序由专业队伍进行专门的除险加固处理措施，才能恢复大坝的正常工作能力。关于加固处理的内容可参考有关除险加固的资料。本书仅针对水管单位介绍一些常见的病害处理措施。

5.1.3.1　渗漏处理

发现异常渗漏后，需进一步观察，并及时采取处理措施。

1. 基本原则

无论渗漏发生在什么部位，处理的原则均是"上截、下排"。"上截"就是在上游（坝轴线以上）坝体或坝基堵截渗漏途径，防止和减少渗漏水量渗入坝体或坝基，提高防渗能力；"下排"就是在坝下游用透水性较大的砂、石或土工织物做好反滤导渗排水设施，把已经入渗的水通过反滤，有控制地只让清水流出，不让土粒流失，渗水安全畅通地排向下游。"上截"的工程措施主要有土工膜防渗、黏土铺盖、黏土斜墙、黏土截水墙、混凝土防渗墙、套井回填和灌浆处理等措施，这些措施属于除险加固范围。"下排"的工程措施中，用于坝体渗漏处理的措施有导渗沟、贴坡培厚导渗等；用于坝基渗漏处理的措施有坝后压渗、排渗沟、减压井等。这里仅介绍"下排"处理措施。

2. 基本措施

（1）导渗沟。背水坡大面积散浸时，可开挖导渗沟、铺设反滤料、土工布和加筑透水后戗等办法，使渗水集中排出，降低浸润线，避免带走土体颗粒，使险情稳定。导渗沟开沟示意图见图5.1.1。

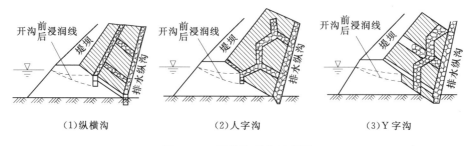

|　（1）纵横沟　　　　　　　（2）人字沟　　　　　　　（3）Y字沟 |

图 5.1.1　导渗沟开沟示意图

导渗沟的形式一般有纵横沟、Y字沟和人字沟等，不宜采用平行坝轴线的纵向沟布置形式。沟的尺寸和间距要根据渗水程度和土壤性质确定。一般深 0.8~1.2m，宽 0.5~1.0m，顺坝坡的竖沟一般每隔 6~10m 开挖一条。

为利于导渗沟渗水集中排出，可沿坡脚稍下游开挖一条排水纵沟，填好反滤料。纵沟要与附近地面原有排水沟渠连通，将渗水排至远离坡脚外。然后在边坡上开挖导渗竖沟，与排水纵沟相连。

逐段开挖，逐段填反滤料，一直挖填到坝坡出现散浸的最高点稍上。开挖时严禁停工待料，导致险情恶化。导流竖沟底坡一般与坝边坡相同，边坡以能使土体站得住为宜，其沟底要求平整顺直。如开沟后排水仍不显著时，可于竖沟之间增加密度或开斜沟，以改善排渗效果。导渗沟内要按反滤层要求分层填放粗砂、小石子（卵石或碎石，一般粒径0.5～2.0cm）、大石子（卵石或碎石，一般粒径4～10m），每层厚度要大于20cm。砂石料可用天然料或人工料，但务必洁净，否则要影响反滤效果。反滤料铺筑时，要严格掌握下细上粗，两侧细中间粗，分层包住，切忌粗料（石子）与导渗沟底沟壁土壤接触，并粗细不能掺合。为防止泥土掉入导渗沟内，阻塞渗水通道，可在导渗沟的砂石料上铺草袋或土工织物，然后压上土袋、块石保护。导渗沟铺填示意图见图5.1.2。

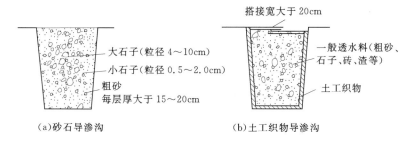

图5.1.2 导渗沟铺填示意图

（2）贴坡培厚导渗。当坝身渗漏严重，散浸面积大时，甚至遍及整个坝坡，说明浸润线逸出点高，土坝坝身单薄，这种情况宜用导渗培厚，即先将背水坡渗水范围的软泥、草皮杂物等清除，其开挖深度10～20cm，然后在坝坡贴一层砂壳，再培厚坝身断面，既导渗又增加坝坡稳定性。培厚顶宽2～4m，外坡一般1:3～1:5，长度要超过散浸坝段两端各3m以上。坝脚以外挖一排水沟，将渗水导排到低洼之处。贴坡培厚导渗示意图见图5.1.3。

（3）反滤排水导渗。当坝体透水性较强，背水坡土体过于稀软，经挖沟实验，采用导渗沟确有困难，同时反滤料又比较容易取得，可采用此法。该法是在渗水边坡上满铺反滤层，使渗水排出。一般背水坡导渗上部压块石保护，并延至堤脚以外，起镇脚作用，以防滑坡。根据使用反滤材料不同，有以下几种方法：

1）砂石反滤层。抢护前，先将渗水边坡的软泥、草皮及杂物等清除。

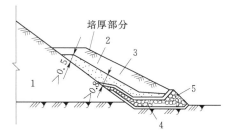

图5.1.3 贴坡培厚导渗示意图
1—原坝体；2—砂层；3—贴坡体；
4—原滤水体；5—新做滤水体

清除厚度约 10～20cm。然后按要求铺设反滤料。反滤料的质量要求，铺填方法以及保护措施与砂石导渗反滤料相同。砂石反滤层示意图见图 5.1.4。

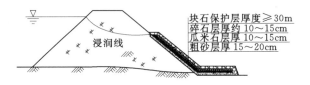

块石保护层厚度≥30m
碎石层厚约 10～15cm
瓜米石层厚 10～15cm
粗砂层厚 15～20cm
浸润线

图 5.1.4 砂石反滤层

2）土工织物反滤层。按砂石反滤层的要求，在渗水边坡清好后，先铺设一层符合滤层要求的土工织物。铺设时要保持搭接宽度不小于 20cm。然后再满铺一般透水料，其厚度不小于40～50cm。上面铺盖草袋等压土，最后再压块石或土袋保护。土工织物反滤层示意图见图 5.1.5。

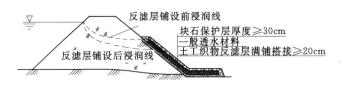

反滤层铺设前浸润线
块石保护层厚度≥30cm
一般透水材料
土工织物反滤层满铺搭接≥20cm
反滤层铺设后浸润线

图 5.1.5 土工织物反滤层示意图

（4）坝后压渗导渗。当坝基发生翻水冒沙、管涌或流土现象时，则不宜开沟导渗，可采用压渗措施导渗，即在渗水出露地段适当范围内，先铺设反滤料垫层，然后填石料或土料压盖。它可以平衡渗压，延长渗径，既能排出渗水，又能保护土体不被冲走。常用的压渗方式有石料压渗、土料压渗和土工织物压渗。

1）石料压渗。在砂石料充足的情况下，可以选用。具体做法，先清理铺设范围内的杂物和软泥，对其中涌水涌沙较严重的出口用块石或砖块抛填，以消杀水势，同时在已清理好的大片有管涌或流土群的面积上，普遍盖压粗砂一层，厚约 20cm，其上先后再铺小石子和大石子各一层，厚度均约 20cm，最后压盖块石一层，予以保护。石料压渗台示意图见图 5.1.6。

2）土料压渗。此法用于沙土料源比较丰富的地方。具体做法：先将渗水范围内的杂物清除，用透水性大的沙土修筑平台。透水压浸台的尺寸，要根据地基土质条件，分析弱透水层底部垂直向上渗压分布情况和修筑压渗台的土料物理力学性能，分析其在自然容重或浮容重情况下，平衡自下向上的承压水头的渗压台所必需的厚度，以及因修筑渗压台导致渗径的延长、渗压的增大所需要的台宽与台高。土料压渗台示意图见图 5.1.7。

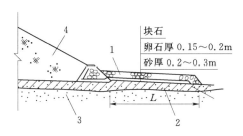

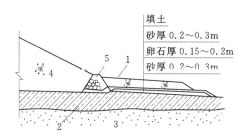

图 5.1.6　石料压渗台示意图
1—压渗台；2—覆盖层（滤料垫层）；
3—坝基透水层；4—坝体

图 5.1.7　土料压渗台示意图
1—压渗台；2—覆盖层；3—透水层；
4—坝体；5—滤水体

3）土工织物压渗。此法适用于铺设反滤料面积较大。在清理地基时，要把一切带有尖、棱的石块和杂物清除干净，并加以平整。先铺一层土工织物，上铺砂石透水料，最后压块石或沙袋一层。土工织物反滤压盖示意图见图 5.1.8。

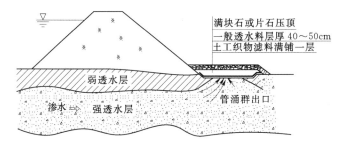

图 5.1.8　土工织物反滤压盖示意图

3．注意事项

（1）在坝的背水坡进行防渗处理时，切忌使用不透水的材料堵塞；尤其是集中渗漏出水口切忌用不透水料强塞硬堵，以免截断排水出路，造成渗水无法排出，加剧险情。

（2）采用砂石料导渗，要严格按照质量要求分层铺设，并尽量减少在已铺好的层面上践踏，以免造成滤层的人为破坏。

（3）导渗沟开挖形式，从导渗效果看，斜沟（Y 字形与人字形）比竖沟好，因为斜沟导渗面积比竖沟大，渗水收效快，可结合实际，因地制宜选定沟的开挖形式，但背水坡一般不要开挖纵沟。

5.1.3.2　裂缝修补

土坝坝体出现的各种裂缝均要及时处理。发现裂缝后，要分析裂缝产生的原因，判别裂缝的性质，观察裂缝的发展变化，并制定处理方案。滑坡裂缝属于滑动性裂缝，其余属于非滑动性裂缝。滑坡性裂缝要结合滑坡体处理进行，具体见滑坡处理措施章节。以下介绍非滑动性裂缝的修理方法。

1. 基本措施

（1）开挖回填。即将发生裂缝部位的土料全部挖出重填。此方法施工简单，效果好，是裂缝处理最为彻底的一种方法。开挖回填示意图见图5.1.9。

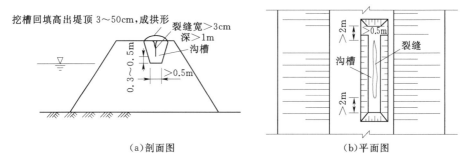

（a）剖面图   （b）平面图

图 5.1.9   开挖回填示意图

此方法一般适用于裂缝深度不超过 2m、已停止发展的裂缝。

干缩裂缝。对黏土斜墙上的干缩裂缝，为了保证有足够的防渗层，要将裂缝表层全部清除，然后按原设计土料干容重分层填筑夯实。开挖时要先沿缝灌入少量经充分搅拌后的石灰水，显出裂缝后沿着石灰痕迹开挖。挖槽的长度和深度都应超过裂缝 0.3～0.5m。开挖边坡以不造成边坡坍塌并便于施工为原则。沟槽挖好后把四周用水洒湿，然后用与黏土斜墙上相同的土料分层回填（每层回填料厚度不大于 0.2m）、分层夯实。

横向裂缝。横向裂缝因有顺缝漏水、坝体穿孔的危险，因此为安全起见，对大小横向裂缝均用开挖回填法进行彻底的处理。方法参照干缩裂缝处理。

纵向裂缝。如纵缝宽度和深度都不大，对坝的整体安全影响不大，可不必开挖回填，只需封闭缝口，以防止雨水渗入即可。对于因管涌通道而引起的裂缝，要首先处理管涌，再处理裂缝。

（2）翻松夯实、灌土封口。对于细小的龟裂缝，可以只进行表面处理，即将缝口土料翻松并湿润，重新夯压密实，封堵缝口，防止雨水浸入即可。处理后可在面层铺上约 10cm 厚的砂性土料保护层，防止继续开裂。翻松深度要超过裂缝深度。

对于缝宽不超过 1～2cm、深度不超过 1m 的纵横裂缝，经观察不再继续发展，可用干而细的沙壤土从缝口灌入，再用板条或竹片等捣实，然后在缝口用黏土封堵压实。

2. 注意事项

（1）对伴随有滑坡、塌陷险情出现的裂缝，应先抢护滑坡、塌陷险情，待脱险并趋于稳定后，必要时再按上述方法处理裂缝。

（2）不伴随滑坡、塌陷出现的裂缝险情，并已趋于稳定可采用上述方法抢护。

（3）在采用上述方法抢护险情时，必须密切注意上游水雨情的测报预报。并备足料物，保证质量，突击完成。

5.1.3.3 护坡破坏修补

由于护坡破坏大都发生在大风浪、大洪水、大暴雨、冰凌等极端情况下，无法进行大规模施工。因此，护坡发生破坏后，为防止破坏范围扩大和险情恶化，可先采取临时性抢护措施，再选择适当时候进行修补处理。

修补处理措施，要根据护坡破坏的原因、原护坡的结构型式和破坏范围大小、建筑材料、施工条件和库水位情况等予以确定。一般情况下，优先考虑在现有基础上填补翻修。

1. 砌石护坡

砌石护坡包括干砌石和浆砌石。

（1）主要方法。根据护坡损坏的轻重程度，可采用填补翻修、增设齿墙、加厚垫层、浆砌石护坡、混凝土网格等方法进行修理。

1）填补翻修。适用于因施工质量差引起的局部松动、脱落、塌陷、崩塌、滑动、隆起、垫层流失等破坏现象。进行处理时，要按设计要求将反滤层修补完整。然后再按原护坡的类型护砌完整。如采用干砌石护坡，块石规格尺寸大小及垫层都应符合设计要求。垫层级配合理，否则砂层易被风浪淘刷流失，最好第一层用砂，第二层应采用砾石，第三层采用卵石或碎石。护坡达到紧、稳、平、实的要求。施工时，为防止上部原有护坡塌滑，可逐段拆砌。

2）增设齿墙。出现局部破坏淘空，导致上部护坡滑动坍塌时，可增设阻滑齿墙。

3）加厚反滤垫层。北方冰冻地区由于反滤垫层厚度不够而产生的护坡破坏，加厚护坡反滤垫层是一项行之有效的办法。即将垫层的每层厚度适当加大则可避免冰推和坝体冻胀引起的护坡破坏。加大垫层的重点部位是水位上下波动带。

4）浆砌石或现浇混凝土护坡。对于厚度不足、强度不够的砌石护坡；或吹程较远，风浪较大，经常发生破坏的护坡坝段，可采取局部浆砌块石或现浇混凝土板的办法加固处理。具体做法是先将原护坡石拆除，重新沿坝轴线方向在一定范围内采用浆砌石或现浇整板护坡，使之形成一条水平、纵向的防冲带。浆砌石厚度应不小于30cm，混凝土板厚度应不小于20cm，并应按规定做好反滤层。预留排水孔和伸缩缝，其平面尺寸以每块3m×5m为宜，一般不易过大。如风浪很大，还应考虑在混凝土板内配置适量的钢筋，以免断裂滑动，这种护坡可抗御 8～10 级大风浪而不至于出问题。

5）混凝土（或浆砌石）框格。对于护坡石块较小、不能抗御风浪冲刷，或护坡大面积遭到破坏、全部翻砌仍解决不了浪击和冰推破坏时，可用混凝土（或浆砌石）框格加固，框格起到固架的作用。框格型式可筑成方形或菱形，框格大小视风浪大小而定。采用框格加固护坡时，为避免框格受坝体不均与沉陷而裂缝，应预留伸缩缝。在严寒地区，框格深度应大于当地最大冻土厚度，以避免坝体土粒冻涨使框格产生裂缝，破坏框格。护坡的框格加固示意图见图 5.1.10。

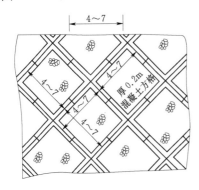

图 5.1.10　护坡的框格加固
示意图（单位：m）

（2）基本要求。

1）清除需要翻修部位的块石和垫层时，应保护好未损坏的部分砌体。

2）如原护坡垫层遭破坏时，要补做垫层，再修复护坡。

3）修整坡面，要无坑凹，坡面密实平顺；如有坑凹，应用与坝体相同的材料回填夯实，并与原坝体结合紧密、平顺。西北黄土地区粉质壤土坝体，回填坡面坑凹时，必须选用重黏性土料回填。

4）砌石时要以原坡面为基准，在纵、横方向挂线控制，自下而上，错缝竖砌，紧靠密实，塞垫稳固，大块封边，表面平整。

5）浆砌石应先坐浆、后砌石；水泥砂浆标号为无冰冻地区不低于 50 号，冰冻地区根据抗冻要求选择，一般不低于 80 号；砌缝内砂浆应饱满，缝口应用比砌体砂浆高一等级的砂浆勾平缝；修补的砌体，必须洒水养护。

6）采用浆砌框格时，框格用浆砌石或混凝土筑成，宽度一般不小于 0.5m，深度不小于 0.6m，框格中间砌较大石块，框格间距视风浪大小确定，一般不小于 4m，并每隔 3～4 个框格设变形缝，缝宽 1.5～2.0cm。

7）增设阻滑齿墙时，齿墙应沿坝坡每隔 3～5m 设置一道，平行坝轴线嵌入坝体；齿墙尺寸，一般宽 0.5m、深 1m（含垫层厚度）；沿齿墙长度方向每隔 3～5m 应留排水孔。

8）采用混凝土盖面方法修理时，护坡表面及缝隙应刷洗干净，厚度根据风浪大小确定，一般厚 5～7cm；混凝土标号，无冰冻地区不低于 C10；严寒冰冻地区要根据抗冻的要求，一般在 C15 以上；盖面混凝土应自下而上浇筑，仔细捣实；每隔 3～5m 应分缝。

9）严寒冰冻地区应在坝坡土体与砌石垫层之间增设一层用非冻胀材料铺

设的防冻保护层；防冻保护层厚度应大于当地冻层深度。

2. 混凝土护坡

混凝土护坡包括现浇混凝土护坡和预制混凝土块护坡。根据护坡损坏情况，可采用局部填补、翻修加厚、增设阻滑齿墙和更换预制混凝土块等方法进行修理。

（1）局部填补。当护坡发生局部断裂破碎时，可采用现浇混凝土局部填补。填补修理时，要凿除破损部分时，应保护好完好的部分；新旧混凝土结合处，必须凿毛清洗干净；新填补的混凝土标号应不低于原护坡混凝土的标号；结合处先铺 1～2cm 厚砂浆，再填筑混凝土；填补面积大的混凝土应自下而上浇筑，认真捣实；新浇混凝土表面应收浆抹光，洒水养护；要处理好伸缩缝和排水孔。

（2）翻修加厚。当护坡破碎面积较大、护坡混凝土厚度不足、抗风浪能力差时，可采用翻修加厚混凝土护坡的方法，但要按满足承受风浪和冰推力的要求，重新设计，确定护坡尺寸和厚度；原混凝土板面应凿毛清洗干净，先铺一层 1～2cm 厚的水泥砂浆，再浇筑混凝土盖面；要处理好伸缩缝和排水孔。

（3）增设阻滑齿墙。护坡出现滑移现象或基础淘空、上部混凝土板坍塌下滑时，可采用增设阻滑齿墙的方法修理，具体方法参见砌石护坡处理的有关内容。

（4）更换预制混凝土块。拆除破损部分预制板时，要保护好完好部分；垫层要按符合防止冲刷的要求铺设；更换的预制混凝土板必须铺设平稳、接缝紧密。

3. 草皮护坡

当护坡的草皮遭雨水冲刷流失和干枯坏死时，可采用添补、更换的方法进行修理；修理时，应按照准备草皮、整理坝坡、铺植草皮和洒水养植的流程进行施工。

添补更换草皮时，添补的草皮要就近选用，草皮种类要选择低茎蔓延的爬根草（或称盘根草，蜈蚣草），不要选用茎高叶疏的草；补植草皮时，要带土成块移植，移植时间以春、秋两季为宜；移植时，要扒松坡面土层，洒水铺植，贴紧拍实，定期洒水，确保成活；坝坡若是沙土，则先在坡面铺一层壤土，再铺植草皮。

当护坡的草皮中有大量的茅草、艾蒿等高茎杂草或灌木时，可采用人工挖除或化学药剂除杂净草的方法（可以喷洒草甘膦或其他化学除草药剂）；使用化学药剂时，应防止污染库水。

5.1.3.4　滑坡修理

滑坡处理的原则，就是设法减少滑动力，增加抗滑力，使坝坡满足稳定要求。具体做法可归纳为"上部削坡减载，下部固脚压重"。对因渗漏引起的滑坡，还须采取"前堵后排"的措施。

大坝一旦发生滑坡，必须针对不同情况及时采取临时应急措施，防止险情恶化；待滑坡范围、原因等查明后，确定加固处理方案进行彻底处理。常用的处理措施主要有开挖回填、放缓坝坡、压重固脚、清淤排水等。

（1）开挖回填。对因施工质量差引起的滑坡，彻底的处理方法是开挖回填，将滑坡部分土体全部挖除后，再用好土填筑压实。如坝体内部有软弱土层，将其同时清除回填。开挖回填后，同样要做好坝趾排水设施。

（2）放缓坝坡。当滑坡是因边坡过陡所引起时则应放缓坝坡。具体做法是：将滑动土体全部或下部被挤出隆起部分挖除，或适当加大坝体断面。放缓后的坝坡，必须建好坝趾排水设施。

（3）压重固脚。在滑坡坡脚增设砂石体加固坡脚，以增大其抗滑能力，是防止滑动的有效方法之一，常用的有戗台和压坡体两种形式。

（4）清淤排水。对因坝基有淤泥层或软弱土层引起的滑坡，彻底处理的办法是将淤泥或软弱土层全部清除。如淤泥或软弱土层分布较广不易全部清除时，可将坝脚部分清除，再开挖导渗排水沟排水，以降低淤泥或软弱土层的含水量，同时在坝脚用砂石料作压重固脚，增加抗滑能力。

（5）开沟导渗、滤水还坡。对因排水体失效，浸润线抬高，以致坝坡土体饱和而引起的滑坡，可采用开沟导渗，滤水还坡的办法处理。先将滑体挖除，再从开始脱坡的顶点到坝脚开挖导渗沟，沟中埋入砂石等导渗料，然后将陡坎以上土体削成斜坡，换填砂石土壤，其余部分仍还原土并层层夯实，恢复未滑坡前的原坡面。必要时，再在坝脚加做堆石固脚。

（6）裂缝处理。土坝伴随滑坡产生的裂缝，往往有雨水或渗透水浸入致使土体软化甚至形成稀泥，因此，应将裂缝挖开，清除软化土体或稀泥后，用原筑坝土料分层回填夯实。如裂缝深度过大，全部开挖回填工程量太大时，也可采用开挖回填与灌浆相结合的方法，即先开挖回填裂缝上部，并用回填黏土形成阻浆盖，然后以黏土浆液或水泥粘土混合浆液灌浆。

5.1.3.5　塌坑处理

如果塌坑是局部塌陷或湿陷塌陷，无其他现象，则在条件允许的情况下，可采用翻挖填土夯实的方法处理。如果塌坑伴有渗漏、管涌等现象，可采用填筑反滤导渗材料的办法处理。

当水位较高，施工困难，一时难以查明原因的情况下，可进行临时性的回填处理，防止险情扩大，稳定后择机进行加固处理。常用的处理措施主要有翻填夯实、填塞封堵、填筑滤料等。

（1）翻填夯实。凡是在条件许可的情况下，而又未伴随管涌、渗水或漏洞等险情的，均可采用此法。具体做法是先将塌坑内的松土翻出，然后按原坝体部位要求的土料回填。如有护坡，必须按垫层和块石护砌的要求，恢复原坝状为止。土坝翻筑所用土料，如塌坑位于坝顶部或上游坡时，宜用渗透性能小于原坝身的土料，以利截渗；如位于下游坡宜用透水性能大于原坝身的土料，以利排渗。

（2）填塞封堵。发生在上游坡的水下塌坑，凡是不具备降低水位或水不太深的情况下，均可采用此法。使用草袋、麻袋或编织袋装黏土直接在水下填实塌坑。必要时可再抛投黏性土，加以封堵和帮宽，以免从陷坑处形成渗水通道。

（3）填筑滤料。塌坑发生在坝的下游坡，伴随发生管涌、渗水或漏洞，形成跌窝，除尽快对坝的上游坡渗漏通道进行堵截外，对塌坑可采用此法抢护。具体做法：先将塌坑内松土或湿软土清除，然后在下游坡塌坑处，按导渗要求，铺设反滤层，进行抢护。

5.2 混凝土坝（浆砌石坝）维修养护

混凝土坝维修养护的主要内容包括日常安全防护、日常养护和常见病害修理，浆砌石坝可参照执行。

5.2.1 日常安全防护

按照国家有关法律法规的规定，混凝土坝日常安全防护主要包括以下几方面内容：

（1）严禁在大坝管理和保护范围内进行爆破、炸鱼、采石、采矿、挖沙、取土、打井、毁林开荒等危害大坝安全和破坏水土保持的活动。

（2）严禁将坝体作码头停靠各类船只；在大坝管理和保护范围内修建码头，须经大坝主管部门批准，并与坝脚和泄水、输水建筑物保持一定距离，不得影响大坝安全、工程管理和抢险工作。

（3）经批准兼做公路的坝顶，应设置路标和限荷标识牌，并采取相应的安全防护措施。

（4）严禁在坝面堆放超过结构设计荷载的物资和使用引起闸墩、闸门、桥、梁、板、柱等超载破坏和共振损坏的冲击、振动性机械；严禁在坝面、桥、梁、板、柱等构件上烧灼；有荷载限制要求的建筑物须悬挂限荷标识牌。各类安全标识应醒目、齐全。

（5）作为饮水水源地的小型水库，应禁止网箱养鱼、限制开发旅游等项目。

（6）在工程管理和保护范围内一切违反大坝安全管理的行为和事件，要立即制止和纠正。

5.2.2　日常养护

日常养护包括工程表面、伸缩缝止水设施、排水设施、监测设施等的养护，以及冻害、碳化与氯离子侵蚀、化学侵蚀等防护。

（1）表面养护。保持坝体和溢流坝面完整、清洁，无积水，无杂物、杂草、垃圾等。对坝体表面局部损坏或砌石松动，要及时用混凝土或砂浆修补。

泄洪前要清除过水面上能引起冲磨损坏的石块和其他重物，保持过水面光滑、平整。

严寒地区冰冻期要及时排干坝面积水，防止冻融破坏，溢流面、迎水面水位变化区出现的剥蚀或裂缝要及时修补；大坝易受冰压损坏的部位要采用人工、机械破冰等防护措施；坝面可采用草、土料、泡沫塑料板等物料覆盖保温；融冰期要防止流冰撞击坝体。

发生轻微化学侵蚀时，可采用涂料涂层防护，严重侵蚀时可采用浇筑或衬砌形成保护层防护；已形成渗透通道或出现裂缝的溶出性侵蚀，可采用灌浆封堵或加涂料涂层防护。

（2）伸缩缝止水设施养护。保持各类止水设施完整无损、不漏水；沥青井5～10年加热一次，沥青不足时要及时补灌；伸缩缝充填物老化脱落，要及时充填封堵。

（3）排水设施养护。经常对坝面、坝基、廊道及其他表面的排水沟、孔应经常进行清理，保持排水设施完整、通畅；无法疏通的排水孔，应在附近补孔。

（4）观测设施养护。经常对大坝观测设施进行保养，有损坏要及时修复；有防潮湿、锈蚀要求的观测设施，要定期进行防腐处理；动物在监测设施中筑的巢窝应及时清除，易被动物破坏的要设防护装置。

5.2.3　常见病害修理

混凝土坝常见的病害有渗漏、裂缝、剥蚀等，通过日常的修理，可以达到解除或缓解病害的目的。对于影响大坝正常工作的裂缝、漏水、稳定性不够等重大病害问题，则属于大修范畴，需要按照规定程序由专业队伍进行专门的除险加固处理措施，才能恢复大坝的正常工作能力。加固处理内容可参考有关除险加固的资料。本节仅针对水管单位介绍一般常见的病害处理措施。

5.2.3.1 一般性裂缝修补

1. 修补时机

一般性裂缝修理的目的在于恢复整体性、保持其强度、耐久性和抗渗性。修理时机宜选择低水头时期、适宜修补材料的凝结固化的温度、干燥条件下进行；对受气温影响的裂缝，宜选择低温季节、裂缝开度较大的情况下修理；对不受气温影响的裂缝，宜选在裂缝已经稳定的条件下进行。

2. 修补方法

一般性裂缝修理的方法有喷涂法、粘贴法、灌浆法和充填法。要根据裂缝的具体情况，选择适当的方法修理。裂缝修补可采用喷涂法、粘贴法、充填法和灌浆法。

（1）喷涂法适用于宽度小于 0.3mm、不渗水的表层裂缝修补，表面喷涂材料可选用环氧树脂类、聚酯树脂类、聚氨酯类、改性沥青类等涂料。

（2）粘贴法分表面粘贴法和开槽粘贴法两种，前者适用于裂缝宽度小于 0.3mm 的表层裂缝修补，后者适用于裂缝宽度大于 0.3mm 的表层活缝修补，粘贴材料可选用橡胶片材、聚氯乙烯片材等。

（3）灌浆法适用于深层裂缝和贯穿裂缝的修补，灌浆材料应根据裂缝的类型选择，死缝可选用水泥浆材或化学浆材等；活缝可选用弹性聚氨酯浆材等。对于深层裂缝可采用表面凿槽嵌填封堵、内部灌浆相结合的方法修理。

（4）充填法适用于缝宽大于 0.3mm 的表层裂缝修补，充填材料应根据裂缝的类型进行选择，对死缝可选用水泥砂浆、聚合物水泥砂浆、树脂砂浆等；对活缝应选用弹性树脂砂浆和弹性嵌缝材料等。

3. 修补操作流程

（1）表面涂抹。表面涂抹的方法使用水泥浆、水泥砂浆、防水快凝砂浆、环氧基液及环氧砂浆等材料涂抹在裂缝等损坏部位的混凝土表面。

1）水泥砂浆涂抹。先将裂缝附近的混凝土表面凿毛，并可能使粗糙面平整，经洗刷干净后，洒水使之保持湿润，然后用 1∶1～1∶2 的水泥砂浆在其上涂抹。涂抹时混凝土表面不能有流水，最好先用纯水泥浆涂刷一层地浆（厚度约为 0.5～1mm），在将水泥砂浆一次或分几次抹完，抹浆不宜过厚或太薄。涂抹的总厚度一般为 1.0～2.0cm，最后用铁抹压实、抹光。砂浆配制时所用砂子一般为中细砂。水泥可用普通硅酸盐水泥，其强度等级不低于 C40。温度高时，涂抹了 3～4h 后即需洒水养护，并防止阳光直射；冬季应注意保温，且不可受冻，否则所抹的水泥砂浆受冻后轻则强度降低，重则报废。

2）环氧砂浆涂抹。根据裂缝情况不同可选用不同的配方。如对干燥状态的裂缝，可用普通环氧砂浆；对潮湿状态的裂缝，则宜用环氧焦油砂浆或用以酮亚胺作固化剂的环氧砂浆。

3）防水快凝砂浆涂抹。为了加速和提高防水性能，可在水泥砂浆内加入防水剂，即快凝剂。防水剂可采用成品，也可自行配制。若自行配制可参考按重量配比为：硫酸铜、重铬酸铜、硫酸亚铁、硫酸铅钾、硫酸铬钾等5种材料各为1；硅酸钠为400；水为40配合而成。防水快凝灰浆和砂浆的配制，是先将水泥或砂加水搅拌，然后将防水剂注入并迅速搅拌均匀，立即用铁抹刮涂在混凝土面上，并压实抹光。由于快凝灰浆或砂浆凝固快，使用时应随拌随用，一次拌量不宜过多，可以一人拌料一人涂抹。

（2）表面贴补。表面贴补就是用粘胶剂把橡皮或其他材料粘贴在裂缝部位的混凝土面上，达到封闭裂缝防渗堵漏的目的。主要有几种方式：橡皮等止水材料贴补、玻璃布粘贴、紫铜片和橡皮联合贴补等。橡皮贴补裂缝和玻璃布粘贴裂缝示意图分别见图5.2.1和图5.2.2。

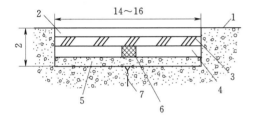

图5.2.1　橡皮贴补裂缝示意图（单位：cm）
1—原混凝土面；2—环氧砂浆；3—橡皮；4—环氧砂浆；5—水泥砂浆；6—板条；7—裂缝

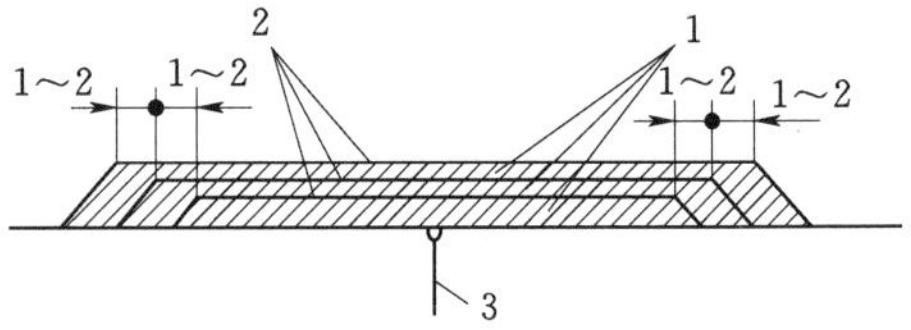

图5.2.2　玻璃布粘贴裂缝示意图（单位：cm）
1—玻璃布；2—环氧基液；3—裂缝

（3）灌浆处理。裂缝的内部处理，是指在裂缝内部采用灌浆方法进行处理。通常为钻孔后进行喷浆，对于浅缝或仅需防渗堵漏的裂缝，则可以用灌浆的方法。灌浆材料常用水泥和化学材料，可按裂缝的性质、开度及施工条件等具体情况选定。对于开度大于0.3mm的裂缝，一般可采用水泥灌浆；对于开度小于0.3mm的裂缝，宜采用化学灌浆；对于渗透流速较大或受温度影响的裂缝，则不论其开度如何，均宜采用化学灌浆处理。

（4）凿槽嵌补。凿槽嵌补是沿混凝土裂缝凿一条深槽，槽内嵌填各种防水材料，如环氧砂浆及干硬性砂浆等，以防止渗水。

（5）喷浆修补。喷浆修补是在裂缝部位并以凿毛处理的混凝土表面，喷射一层密实而强度高的水泥砂浆保护层，达到封闭裂缝、防渗堵漏或提高混凝土表面抗冲耐蚀能力的目的。根据裂缝的部位、性质和修理要求，可以分别采用无筋素喷、挂网喷浆或挂网喷浆结合凿槽嵌补等修理方法。

5.2.3.2　一般性渗漏处理

一般性渗漏的处理原则为"上堵下排"，以堵为主，以排为辅。一般在上游面封堵，不影响结构安全时，也可考虑在下游面封堵。

1. 集中渗漏处理

当水压小于 0.1MPa 时可采用直接堵漏法、导管堵漏法；当水压大于 0.1MPa 时，可采用灌浆堵漏法。堵漏材料可选用快凝止水砂浆或水泥浆材、化学浆材。

（1）直接堵漏法。先将漏水孔口凿成口大内小的楔形状，并冲洗干净；然后将快凝止水砂浆捻成与孔相近的楔状，迅速塞入孔内，堵住漏水。

（2）灌浆堵漏法。先将孔口扩成喇叭状，并冲洗干净；再将灌浆管插入孔内，周围用快凝砂浆填塞，再用高强砂浆回填管口四周至原混凝土面，使漏水从管内流出；然后用灌浆设将浆液从灌浆管灌入孔内，灌浆压力一般为 0.2～0.4MPa。灌浆嘴埋设示意图见图 5.2.3。

（3）导管堵漏法。先清除漏水孔壁的浆动混凝土，凿成能插入导管的孔洞，并冲洗干净；然后将导管插入孔中，导管四周用快凝止水砂浆封堵，凝固后拔出导管；再用快凝止水砂浆封堵导管孔。埋管导流示意图见图 5.2.4。

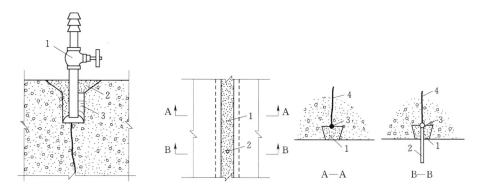

图 5.2.3　灌浆嘴埋设示意图
1—注浆嘴；2—水泥砂浆；
3—水泥胶松

图 5.2.4　埋管导流示意图
1—速凝砂浆；2—导管；3—丝棉；4—裂缝

2. 裂缝渗漏处理

裂缝渗漏处理应先止漏后修补，对于混凝土坝裂缝漏水的止漏可采用直接堵塞法、导渗止漏法，当漏水压力小于 0.01MPa 时可采用直接堵塞法，漏水压力大于 0.01MPa 时可采用导渗止漏法；对于浆砌石坝砌缝漏水可采用勾缝、涂抹和灌缝与勾缝结合等方法处理；裂缝修补可采用喷涂法、粘贴法、充填法和灌浆法，参见本节一般性裂缝处理的有关内容。

（1）直接堵塞法。沿缝面凿槽，并冲洗干净；把快凝砂浆捻成条形，逐段迅速堵入槽中，挤压密实，堵住漏水。

（2）导渗止漏法。用风钻在缝的一侧钻斜孔，穿过缝面并埋管导渗；再进行裂缝修补，最后封闭导渗管。

（3）表面涂抹环氧或丙乳砂浆法。对于渗漏面积较大的大坝，可在上游坝面涂抹环氧或丙乳砂浆处理。涂抹时，要先将处理面用钢丝刷或风砂枪打毛，冲洗干净后，再涂抹厚度约 1～2cm 砂浆。

（4）勾缝堵漏法。对于砌石坝砌缝中砂浆干缩或不饱和造成的渗漏，均可在上游坝面采用勾缝方法处理。一般需要先降低水位，露出砌缝，沿缝凿出约5cm 深的新鲜缝口，冲洗干净后，用水泥砂浆勾缝。勾缝时将缝隙填塞饱满，并使浆料突出缝外，再反复压入、抹平。勾缝后要进行养护，使砌缝不掉浆、无裂纹。

（5）灌缝与勾缝相结合法。对于砌石坝砌缝渗漏还可采用灌缝与勾缝相结合法。在上游坝面将砌缝沿缝凿出约5cm 深的新鲜缝口，再沿砌缝打孔，孔深要在 0.6m 以上、孔距约 3m，在钻孔内埋设灌浆管，然后用水泥砂浆重新勾缝，待砂浆凝结后，再利用灌浆管进行压力灌浆，最后封堵管口。

3. 散渗处理

散渗处理可采用表面涂抹粘贴法、喷射混凝土（砂浆）法、灌浆法、防渗面板法等。

（1）表面涂抹粘贴法。此法适用于混凝土轻微散渗处理，材料可选用各种有机或无机防水涂料及玻璃钢等。要先将混凝土表面凿毛，清除破损混凝土并冲洗干净；再采用快速堵漏材料对出渗点强制封堵，使混凝土表面干燥；对凹处先涂抹一层树脂基液，后用树脂砂浆抹平，共涂刷 2～3 遍，第一遍涂刷采用经稀释的涂料，涂膜总厚度要大于 1mm；将玻璃钢丝布除蜡，并用清水漂洗晾干，然后在抹面上粘贴，粘贴层数不宜少于 3 层，各层要无气泡、折皱，密实平整。

（2）喷射混凝土（砂浆）法。此法适用于迎水面大面积散渗的处理；防渗面板适用于严重渗漏、抗渗性能差的迎水面处理；灌浆处理适用于建筑物内部混凝土密实性较差或网状深层裂缝产生的散渗。灌浆材料可选用水泥浆材或化学浆材。施工方法有干式、湿式和半湿式三种。对有渗水的受喷面宜采用干式喷射；无渗水的受喷面宜采用半湿式或湿式喷射。喷射厚度在 5cm 以下时，宜采用喷射砂浆；厚度为 5～10cm 时，宜采用喷射混凝土或钢丝网喷射混凝土；厚度为 10～20cm 时，宜采用钢筋网喷射混凝土或钢纤维喷射混凝土。

（3）灌浆法。此法适用于建筑物内部混凝土密实性较差或网状深层裂缝产生的散渗。灌浆材料可选用水泥浆材或化学浆材。灌浆孔可设置在坝上游面、廊道或坝顶处，孔距根据渗漏状况确定；灌浆压力为 0.2～0.5MPa；灌浆结束后散渗面可用防水涂层防护。

（4）防渗面板法。此法适用于严重渗漏、抗渗性能差的迎水面处理。材料可选用水泥混凝土、沥青混凝土等；施工方法可参照《水工混凝土施工规范》的规定执行。

4. 伸缩缝渗漏处理

伸缩缝渗漏处理可采用嵌填法、灌浆法、粘贴法、锚固法及补灌沥青法等。

（1）嵌填法。此法的弹性嵌缝材料可选用橡胶类、沥青基类或树脂类等，粘贴材料可选用厚 3～6mm 的橡胶片材。首先沿缝凿宽、深均为 5～6cm 的 V 形槽；清除缝内杂物及失效的止水材料，并冲洗干净；再将槽面涂刷胶粘剂，槽底缝口设隔离棒，嵌填弹性嵌缝材料；最后回填弹性树脂砂浆与原混凝土面齐平。

（2）灌浆法。此法适用于迎水面伸缩缝局部处理，灌浆材料可选用弹性聚氨酯、改性沥青浆材等。首先沿缝凿宽、深 5～6cm 的 V 形槽；在处理段的上、下端骑缝钻止浆孔，孔径 40～50mm，孔深不得打穿原止水片，清洗后用树脂砂浆封堵；骑缝钻灌浆孔，孔径 15～20mm，孔距 50cm，孔深 30～40cm；再用压力水冲洗钻孔，将直径 10～15mm、长 15～20cm 灌浆管埋入钻孔内 5cm，密封灌浆管四周；冲洗槽面，用快凝止水砂浆嵌填；逐孔洗缝，控制管口风压 0.1MPa，水压 0.05～0.1MPa；灌浆前对灌浆管作通风检查，风压不得超过 0.1MPa；灌浆自下而上逐孔灌注，灌浆压力为 0.2～0.5MPa，灌至基本不吸浆时并浆，后结束灌浆。

（3）锚固法。此法适用于迎水面伸缩缝处理，局部修补时应做好伸缩缝的止水搭接，防渗材料可选用橡胶、紫铜、不锈钢等片材，锚固件采用锚固螺栓、钢压条等。采用金属片材时，首先沿缝两侧凿槽，槽宽 35cm、槽深 8～10cm。然后在缝两侧各钻一排锚栓孔，排距 25cm，孔径 22～25mm、孔距 50cm、孔深 30cm，并冲洗干净，预埋锚栓；清除缝内堵塞物，嵌入沥青麻丝；再挂橡胶垫，再将金属片材套在锚栓上；安装钢垫板、拧紧螺母压实；最后将片材与缝面之间充填密封材料，片材与坝面之间充填弹性树脂砂浆。采用橡胶板时，首先沿缝两侧各 30cm 范围将混凝土面修理平整；再凿 V 形槽，槽宽、深 5～6cm；然后在缝两侧各钻一排锚栓孔，排距 50cm，孔径 40mm，孔深 40cm，孔距 50cm；用高压水冲洗钻孔，然后用弹性环氧砂浆将直径 20mm、长 45cm 的锚栓埋入；待锚栓凝结后再向 V 形槽内涂刷胶粘剂，铺设隔离棒再嵌填嵌缝材料；再安装橡胶片和压板，拧紧螺母。

5.2.3.3 剥蚀修补

混凝土剥蚀主要包括钢筋锈蚀引起的混凝土剥蚀、冻融剥蚀、磨损和空蚀。

修补钢筋锈蚀引起的混凝土剥蚀，一般需将保护层全部凿除，处理锈蚀钢筋，用高抗渗等级的混凝土或砂浆修补，并用防碳化涂料防护；对氯离子侵蚀引起的钢筋锈蚀，凿除受氯离子侵蚀损坏的混凝土，处理锈蚀钢筋，用高抗渗等级的材料修补，并用涂层防护。

修补冻融剥蚀，一般需先凿除损伤混凝土，然后回填能满足抗冻要求的修补材料，并采取止漏、排水等措施。

修补磨损破坏，需采用高抗冲耐磨材料修补。

修补空蚀破坏，其体形不合理，要修改体形；处理不平整突体，不平整度的控制标准应符合《溢洪道设计规范》（SDJ 341—89）的规定；要设置通气减蚀设施；采用高抗空蚀材料修补。

5.3　输（泄）水建筑物维修养护

小型水库的输水设施大多数采用了涵管（洞）取水形式，泄水设施大多数采用了开敞式溢洪道泄水形式。

5.3.1　日常防护

按照国家有关法律法规和技术标准规定，输（泄）水建筑物日常养护和防护主要包括以下几方面内容：

（1）输、泄水建筑物表面应保持清洁完好，及时排除积水、积雪、苔藓、蚧贝、污垢及淤积的砂石、杂物等。

（2）泄水建筑物泄流期间须注意打捞上游的漂浮物，严禁船只、木排等靠近泄水建筑物进口。

（3）输、泄水建筑物各部位的排水孔、进水孔、通气孔等均应保持畅通；墙后填土区发生塌坑、沉陷时应及时填补夯实；翼墙内淤积物应适时清除。

（4）钢筋混凝土构件的表面出现涂料老化，局部损坏、脱落、起皮等，应及时修补或重新封闭。

（5）上下游的护坡、护底、陡坡、侧墙、消能设施出现局部松动、塌陷、隆起、淘空、垫层散失等，应及时按原状修复。

（6）输、泄水建筑物闸门须及时作防锈、防老化的养护。闸门外观应保持整洁，梁格、臂杆内无积水，及时清除闸门吊耳、门槽、弧形门支铰及结构夹缝处等部位的杂物。钢闸门出现局部锈蚀、涂层脱落时应及时修补；闸门滚轮、弧形门支铰等运转部位的加油设施应保持完好、畅通，并定期加油。

（7）启闭机防护罩、机体表面应保持清洁、完整；机架不得有明显变形、损伤或裂缝，底脚连接应牢固可靠；启闭机连接件应保持紧固；制动装置应经常维护，适时调整，确保灵活可靠；钢丝绳、螺杆有齿部位应经常清洗、抹油，有条件的可设置防尘设施；启闭螺杆如有弯曲，应及时校正；闸门开度指示器应定期校验，确保运转灵活、指示准确。

（8）电动机的外壳应保持无尘、无污、无锈；接线盒应防潮，压线螺栓紧固；操作系统的动力柜、照明柜、操作箱、各种开关、继电保护装置、检修电源箱等应定期清洁、保持干净；所有电气设备外壳均应可靠接地，并定期检测接地电阻值。

5.3.2 常见病害修理

5.3.2.1 输水涵管（洞）

输水涵管（洞）常见的病害有裂缝、渗漏、断裂、堵塞等。进行病害修理时，需根据涵管（洞）结构强度、断面大小、出险部位及原因等来综合考虑。涵管（洞）常见病害的处理多用贴补、内衬、灌浆、加固地基及封堵原管（洞）另设新管（洞）等方法。

（1）对于断面较小的涵管（洞），可从放水口开始沿管（洞）轴线向下游开挖至病险相应部位，再视病险情况分别采取外包加固、部分拆除、废除新建的办法进行处理。如由于涵管（洞）缝裂漏水使坝体产生渗透破坏（如跌窝）的浆砌石、混凝土结构涵管（洞），其病险处结构一般未遭破坏，可采用外包混凝土等措施加固处理。如病险处涵管（洞）结构已遭破坏，则可拆除该部位老管（洞），浇筑钢筋混凝土新管（洞）。蓄水运行后，如继续产生漏浑水、跌窝等病险，说明老管（洞）已无法使用，则可拆除重建。但是对于那些强度低的木、瓦、素混凝土、钢丝网薄壳等结构涵管（洞），一般只能废除新建。

（2）对于断面大、人能进去施工的涵管（洞），一般可采取打孔灌浆、化学补强、内衬加固等措施进行处理。涵管（洞）漏水时，一般采取沿漏水点钻孔灌入水泥浆封堵的方式加以解决。对于少数断面允许缩小涵管（洞），可先对涵管（洞）进行全断面混凝土内衬加固后，再采取顶水灌浆止漏等办法，也可采用钢板内衬加固处理。对于因裂缝、伸缩缝引起的漏水，可采用化学贴补即环氧砂浆或丙乳砂浆贴橡皮、玻璃丝布等补强止漏，或重置伸缩缝止水料的办法处理。

（3）对于涵管（洞）气蚀，可采用环氧树脂基液和环氧树脂砂浆补平，也可采用丙乳砂浆进行修补。

（4）对于断面非常小，无法进人施工的堵塞涵管（洞），根据堵塞体在涵管（洞）内位置的不同，可采取在涵管（洞）出口和潜水员在涵管（洞）进口捅击堵塞体等办法处理。否则，只能废除新建。

（5）对于无法进行加固或加固不彻底的涵管（洞），一般采用封堵原管

（洞）、另设新管（洞）的方法。新建涵管（洞）应建在坚实可靠的地基上，处理好与大坝的接触面。新涵管（洞）建成后，应对老涵管（洞）进行处理，一般采用封堵的措施。封堵涵管（洞）的方法主要有混凝土堵塞法、逆向灌浆法、平行灌浆法、十字灌浆法等。封堵长度通常以接近涵管（洞）长的1/3为宜。

5.3.2.2   溢洪道

溢洪道常见的病害有岸坡滑塌、冲刷和淘刷、裂缝和渗漏等。

（1）岸坡滑塌处理。溢洪道岸坡滑塌一般多发生在进口深挖段，通常该部位边坡较陡，易发生该问题。溢洪道岸坡在发生滑塌（土坡）或垮塌崩落（岩石坡）情况或有以上两种趋势的情况下，就应对其岸坡进行处理。处理措施主要有：缓坡减载、护砌固脚、开沟排水等。

1）缓坡减载。是对坡度较陡的岸坡以削坡的形式将其坡度放缓，以减小岸坡的滑动力，土坡坡度一般不小于1:1.5，岩石坡一般不小于1:1。如地质条件很差，则应更缓。对垂直高度较大（超过5m）的岸坡，应设平台，一般垂直高度3~5m设一平台，来减轻上部土体重量。

2）护砌固脚。对坡脚及边坡采取各种形式的护砌工程（如浆砌石等），可以增加岸坡的稳定性（增大抗阻力）和抗御泄洪水的冲刷。如喷锚或设挡土墙。

3）开沟排水。在岸坡以开沟的形式将来水排走，其沟的大小视来水量而定。

（2）冲刷和淘刷处理。由于施工质量差、不平整、接缝未做止水、底板下没有排水设施、底板厚度不够、消力池长度不够、底部扬压力过大等原因，在动水压力作用下，发生气蚀、底板掀起、底板下淘空、底板变形破坏等现象，必须及时进行处理。

冲刷和淘刷的修理措施主要归结为四个方面：即"封、排、压、光"。"封"就是加强防渗措施，截断渗流。可利用底板下的齿墙，逐段隔离渗水，目的是尽量减少浮托力和动水压力对底板的破坏，并对底板的伸缩缝做好止水；"排"就是做好排水系统，布置要合理，将未截住的渗水排出。可在底板下设置纵横排水管；"压"就是加厚底板增加自重压住浮托力和脉动压力，使底板不被飘起或掀动；"光"就是底板表面要光滑平整，清除过去施工留下的钢筋头或混凝土柱头，局部错台要打磨成斜坡。

对于局部气蚀部位，除消除产生气蚀的原因外，可用高标号的水泥砂浆或环氧丙乳砂浆进行表面涂抹填补处理。底板已淘空的部位，应彻底翻修，重新浇筑砌筑。

对于海漫受到局部冲刷破坏时，分析找出导致破坏的原因，一般是加固、翻修或重做海漫。如果破坏原因是消力池长度不够或尾水位太低引起，则可以在海漫部位加做消力槛或增设防冲槽、增建二级消力池等措施。

（3）裂缝修理。修理裂缝的方法主要有恢复整体性、结构补强和防渗、堵漏等，参照混凝土坝相关的方法处理。

5.3.2.3 闸门及启闭设备

闸门设备常见的问题有闸门水封老化损坏、门体和埋固件缺陷及不灵活等。

1. 门体变位处理

门体变位系指闸门偏离了正常工作位置，如发生上下游或左右方向的倾斜等，均严重妨碍了闸门的正常运行，处理措施如下：

（1）单吊点闸门变位处理。指单吊点闸门的吊点垂线与门体重心不重合时，门体在门槽中会发生倾斜，增加门体与门槽间的摩擦力，甚至卡阻。解决方法：

1）调整吊点位置。如果吊耳中心垂线与门体重心偏差较大，超过 2mm，或门叶及拉杆同一轴销的内孔不同心时，需拆下重新调整安装。

2）配重调整。若吊耳位置小于 2mm，门叶及拉杆销孔基本同心，门体仅有轻微倾斜时，可在门体上配置重块，使门体端正。（配置重块可采用铸铁块或混凝土块，固定在门体的梁格上）此法简单易行，效果良好。

3）增设人字拉条。对左右向倾斜不太严重的轻型闸门，当用螺杆式启闭机操纵，而启闭机平台又比较高时，可在门顶与螺杆之间装设带有调整螺栓的人字拉条进行调整。

直升式平面闸门的门体倾斜调整完毕，应作静平衡试验，即将闸门起吊到适当位置，测量左右方向倾斜，其倾斜值不得超过门高度 1‰，且不大于 5mm。

（2）双吊点闸门变位处理。双吊点闸门门体不正是常见故障之一，需查明原因，具体情况应具体处理。

双吊点卷扬式启闭机的两个卷筒绳槽底直径的相对误差，不应超过六级精度的要求。如超过要求，可用环氧树脂与玻璃丝布混合粘贴的方法补救直径较小的卷筒，使其直径达到一致。或用两根不同直径的钢丝绳来调整。

如因钢丝绳松紧不一致而引起闸门左右向倾斜时，可重绕钢丝绳或在闸门吊耳上加置调节螺栓与钢丝绳连接，以调正闸门。

升卧式平面闸门运行时容易发生跑偏现象。首先应检查两吊点钢丝绳松紧是否一致，再检查是否有单侧主轮不转或闸门卡阻现象。如仍然跑偏，则应检查闸门两侧主轮直径是否一致，主轮平面与轨道方向偏角是否过大，两侧轨道是否倾斜或高差超出允许范围。

（3）人字闸门接合柱下垂现象，严重可影响人字闸门的止水和正常运行。应检查分析原因再进行处理。

由于门体剪切应变引起下垂的，应设法加强门体抗剪强度，或调整门体斜拉杆的调整螺栓调正闸门。

由于门体转轴垂直度变化而引起的，可通过调整顶枢拉杆来解决。调整时应用仪器配合进行测量检查。调整后应使两门体的接合柱尽可能恢复原有的良好接触状态。

2. 门叶变形与局部损坏处理

（1）门叶构件和面板锈蚀修理。门叶构件锈蚀严重的，应进行补强或更新。如面板锈蚀减薄后，可补焊新钢板加强，新钢板焊缝应布置在梁格部位，先将钢板四周点焊固定，再对称分段焊满。也可试用环氧树脂黏合剂粘贴钢板补强。

（2）外力造成局部变形或损坏修理。当闸门在使用中收到剧烈的振动和外力的作用造成的局部变形或损坏，可以这样处理：钢板或型钢焊缝局部损坏或开裂时，可将原焊缝铲掉进行补焊或更换新钢材；门叶变形的，应先将变形部位矫正，然后进行人工锤击或用 $600\sim700℃$ 烘烤矫正。

（3）气蚀引起局部剥蚀修理。剥蚀程度较轻时可进行喷镀或堆焊补强，严重的要更换钢材。

（4）螺栓缺失修理。闸门上的各种连接螺栓，不得有松动或缺损。由锈蚀、振动、气蚀或其他原因造成松动、脱落或钉孔漏水等缺陷时，可采用下述方法处理：对松动或脱落的螺栓应进行更换；对局部铆接部件铆钉松动或需调整位置时，可将原铆钉铲掉，调整处理后点焊定位，再将原钉孔补焊或铆钉，必要时浮动板周边也进行焊接；螺栓孔如有漏水的，视其连接件的受力情况，可在钉孔处加橡皮垫，或涂环氧树脂涂料封闭。

（5）弧形闸门支臂或人字闸门转轴柱修理。当发现弧形支臂有较大的挠度或人字闸门门叶倾斜造成漏水时，可能是支臂或转轴柱刚度不够引起的。这时应先矫正变形部件，然后对支臂或转轴进行加固，以增强其刚度。

（6）检验。检修工作完成后，根据原设计资料和水利水电工程钢闸门制造安装验收规范进行检验；门叶结构经过焊接后，对于焊缝质量必须进行检查，主要内容有：

1）焊缝外观检查。不允许表面有裂纹、夹渣，对一类、二类缝不允许有咬边和气孔等。

2）焊缝表面裂纹。选用渗透或磁粉探伤的方法检验。

3）焊缝内部缺陷。可选用射线或超声波探伤的方法检查。

4）平面闸门门叶在修理后，其各种几何尺寸的允许公差与偏差值要符合规定；弧形闸门修理以后，支臂中心与支铰中心的不吻合值应不大于 2mm。

3. 滚轮锈蚀卡阻的处理

滚轮检修的一般方法：

（1）拆下锈死的滚轮，当轴承没有严重磨损和损伤时，可将轴与轴套清洗除垢，应注意将油道内的污油清洗干净，涂上新的润滑油脂。

（2）轴承间隙一般不应超过设计最大间隙的 1 倍，如因磨损过大超过允许范围，应更换轴套。

（3）轮轴磨损或锈蚀，应将轴磨光，采用硬镀铬工艺进行修复。镀层厚度一般可取 $100\sim200\mu m$。滚轮检修后的安装标准必须达到滚轮安装标准表的要求（表 5.3.1）。

表 5.3.1   滚 轮 安 装 标 准 表

偏 差 名 称	跨度	允许公差与偏差
平面定轮闸门四个滚轮中，其中一个与其余三个所在的平面的公差	≤10000	+2
	>10000	+3
滚轮对平行水流方向的竖直面和水平面的倾斜度		<2‰轮径
滚轮跨距偏差	<5000	+2
	5000～10000	+3
	>10000	+4
同侧滚轮中心偏差		+2

4. 弧形闸门支铰转动不良处理

弧形闸门支铰是闸门转动中枢。

（1）支铰故障原因。由于支铰座位置较低，泥沙容易进入轴承间隙中，日久结成硬块，增加摩阻力。

支铰轴注油不便润滑困难，尤其因支臂转角小，承力面难以保留油膜，日久锈蚀，容易发生卡阻故障。

两只铰轴线不在同一轴线上，属制造或安装误差过大所致。

（2）支铰检修。先卸掉外部荷载，把门叶适当垫高，使支铰受力降低到最低限度，然后加以支撑固定，以利拔取支铰轴。

视支铰轴磨损和锈蚀情况，进行磨削加工，并镀铬防锈。

对于支铰轴不在同一轴线上的，应卸开支铰座，用钢垫片调整固定支座或移动支座的位置，使其达到规范的精度要求。

清洗注油，安装复位。油槽与轴隙应注满油脂，并用油堵将油孔封闭。

5. 压合胶木变形及裂纹处理

滑动闸门的胶木滑到发生变形或微裂,摩擦系数增大,将影响闸门正常运行,必须根据损坏情况,分别采用以下修理措施。

压合胶木严重磨损或失效后,应予更换,其更换方法为:①压合胶木块加工前应在前 70~80℃ 的石蜡溶液中干燥 80h 左右,使其含水量降低到 5% 以下,干燥后其挠度下得超过长度的 1/200,端部裂缝深度下得大于 0.2mm。②压合胶木的侧面、底面及端面粗糙度应达到 6.3,单块胶木宽度尺寸的偏差应在 ±0.1mm 范围内。③压合胶木拼成轴瓦或入夹槽,应使胶木主要纤维的端部承受压力,即主要木纹方向与受力方向一致。④在压合前,压合胶木与滑槽表面要涂一层酚醛树脂。⑤压合胶木压入夹槽底应严密而无间隙,以塞尺检查胶木两端部,深 30mm、宽 20mm 的局部间隙不应超过 0.2mm。

6. 人字闸门顶枢、底枢严重磨损处理

修复安装调整后,门枢中心位置偏差不得超过 2mm,高程允许偏差 ±3mm 左右,两蘑菇头标高相对高差不超过 2mm。

7. 止水装置修理

(1) 橡皮止水的修理。

1) 更换新件。橡胶水封使用日久老化、失去弹性和磨损严重的,应更换新件。安装新水封时,应用原水封压板在新橡胶水封上划出螺孔,然后冲孔,孔径应比螺栓小 1~2mm,严禁烫孔。

2) 局部修理。由于水封预埋件安装不良,而使橡胶水封局部撕裂的,除了改善水封预埋件外,可割除损坏部分,换上相同规格尺寸的新水封。新、旧水封接头的处理方法有:将接头切割成斜面,并将它锉毛,涂上黏合剂黏合压紧,再用尼龙丝或锦纶丝缝紧加固,尼龙丝尽量藏在橡胶内不外露,缝合后再涂上一层黏合剂,保护尼龙丝不被磨损,两天后才可使用。采用生胶热压法黏合,胶合面应平整并锉毛,用胎模压紧,借胎模传热,加热温度为 200℃ 左右,胶合后接头处不得有错位及凹凸不平现象。

(2) 金属止水修理。金属止水有棒式和片式两种,除闸门上有用棒式者外,阀门上多用片式。

在拆除金属止水片时,如固定螺栓由于锈蚀而折断在螺孔内,可用比螺栓螺纹内径稍小的钻头钻掉螺栓的残余部分,再用与螺栓同规格的丝攻将螺孔清除干净,但应注意不要损坏原有螺孔的螺纹。对于气蚀及锈蚀原因引起的麻点、斑孔,可用焊补。焊补后应磨平达到原有的粗糙度,并注意与止水板座间的间隙。安装金属止水时,应先把金属止水及座环清洗干净并使之干燥,再在止水座板上涂保护漆,然后装上金属止水片,并旋紧固定螺栓。固定金属止水板的螺栓旋紧后,应在钉头顶部再焊上合金锡或涂上环氧树脂黏合剂密封,以保护螺钉不致松脱或生锈。

（3）木止水修理。处理方法主要是更换新止水。

8．埋件检修

埋件检修按下列情况分别处理：①支承胶木滑道主轨表面的不锈钢脱落或磨损时，应拆下进行处理。②支承工作轮的轨道，如有气蚀、锈蚀、磨损等造成的缺陷，应做补强处理；如损坏变形较大时，宜更换新的。③止水座板及底坎等，由于安装不牢受水流冲刷，泥沙磨损或修饰等原因发生松动、脱落时，应予整修并补焊牢固。④胸墙檐板和侧止水座板发生锈蚀时，一般可采用涂刷油漆涂料或环氧树脂涂料护面，有条件的，也可采用喷镀不锈钢或有色金属材料护面。⑤各种钢材制造的阀门座发生裂缝时，应按金属结构焊补方法进行焊补，不能焊补的应更换部件。

9．钢丝网水泥闸门检修

裂缝的修补可分为表面龟裂和深层裂缝两种。对表面龟裂裂缝，一般应结合结构的耐久性和抗渗性能，在其表面涂刷保护涂料。对于较严重的深层裂缝，则必须凿槽嵌补。

10．橡胶坝修理

坝袋在运用中常用的缺陷和损坏现象有脱层或开胶脱落、磨损、撕裂以及戳伤或刮破等，修理方法有：①轻度磨损或戳伤刮破而未伤及帆布的，可贴补胶片处理。②凡戳伤、刮破帆布的，应在坝袋外表面贴补原胶布。③对较大面积的脱层起泡和磨穿的，应将损坏部位挖掉，再用与坝袋材料相同的胶布填补齐平，并在内外表面分别贴补胶片和胶布。④当撕破面积较大时，可采用挖补、贴补或整幅换掉。

11．闸门防腐蚀

钢铁腐蚀分类、原理及影响腐蚀的因素分类：一般分为化学腐蚀和电化学腐蚀两类。此外，根据腐蚀破坏的分布特征，还可分为均匀腐蚀和不均匀腐蚀。不均匀腐蚀危害较大，由于局部穿孔而引起严重事故或灾害。不均匀腐蚀有溃疡腐蚀和点腐蚀两种。常用防腐蚀方法有以下两种：

（1）涂料防腐法。用油漆、高分子聚合物、润滑油脂等在表面涂敷，应用较广，其优点是工艺简单，施工费用低廉，缺点是保护周期短。

（2）喷镀锌、铝防腐法。采用熔点较低的锌（419℃）、铝（667℃）金属原料，通过可调温度的火焰和压缩空气的喷射，使其在钢结构件的表面生成一层金属镀膜。它具有隔水、阴极保护作用。成本比涂料提高 60%～80%。

6 抢险技术

6.1 险情分类

水库险情是指在外界条件（包括降雨、洪水、风和地震等）的影响作用下，水库枢纽建筑物内外部发生变化，出现可能会危及建筑物本身和其他建筑物安全的现象。从应急管理和工程抢护的角度，可以把水库险情分为抢险险情和工程险情。抢险险情的类别及其对应的大坝突发事件的等级根据工程险情的类别和其危害程度综合分析判定。

6.1.1 抢险险情分类

结合小型水库的具体情况，可将抢险险情分为两类，特大险情和重大险情属一类抢险险情；较大险情、一般险情属二类抢险险情。

一类抢险险情指水库工程出现重大险情，且已危及大坝安全。主要表现如大坝大面积滑坡，坝体发生严重渗漏并出现浑水，坝体涵管（洞）爆裂并导致局部坍塌，溢洪道堵塞，水库水位接近校核洪水位并可能漫坝等。这些险情危险性较高，很可能导致垮坝事件发生。因此必须立即报告，并尽快采取转移下游群众和降低库水位等应急措施。对应大坝突发事件为Ⅰ级（特别重大）、Ⅱ级（重大）。

二类抢险险情指水库工程局部的险情，尚未严重危及大坝安全，但险情会时刻发展，需要及时报告，请有经验的专家到现场分析判断，并采取相应的抢护措施。对应大坝突发事件为Ⅲ级（较大）、Ⅳ级（一般）。

6.1.2 工程险情分类

根据对病险水库及以往失事水库的分析，按照出险建筑物（如大坝、溢洪道、涵管与金属结构等）和险情原因（如超标准洪水、渗流、变形等），小型水库险情可以分为洪水险情、渗流破坏险情、结构破坏险情、溢洪道险情和输水建筑物险情等五类。大坝发生的险情是互相关联的，往往是同时发生几种险情。因此，对险情要综合判断，找出主要险情和次要险情，分析险情的根源，确定险情的类别。

1. 洪水险情

洪水险情，是指由于坝高达不到设计防洪标准的要求、溢洪道泄洪能力不足、或者是遭遇到超标准洪水而导致漫坝、甚至发生溃坝的险情。

2. 渗流破坏险情

渗流破坏险情是指坝体或坝基的土体发生渗流破坏而出现的险情，通常有以下几种情况：

（1）渗漏。一般来说，坝体渗水是一种正常现象，如果发现有异常情况，则预示坝体已经发生渗流破坏。坝体渗漏及其危害程度可以通过两种方法判断：一是渗流量异常增大；二是通过现场观察，根据下游坝坡的湿润区大小及出逸点高程来判断。

（2）漏洞。在一定库水位条件时，大坝的背水坡或坡脚附近出现横贯坝身或基础的渗流孔洞，称为漏洞。漏水量大小、漏洞洞径大小和个数、漏水的浑浊程度等是判断漏洞险情的重要因素。

（3）管涌和流土。管涌和流土一般发生在背水坡坝脚附近地面上，多呈孔状出水口，冒出粘粒或细砂。

渗流破坏险情产生的根源是大坝发生了渗透破坏，判断渗流险情对大坝安全的影响，一方面看险情发展情况；另一方面看险情是否危及大坝安全，有无失事的可能。

3. 结构破坏险情

结构破坏险情是指坝体发生异常变形而出现的险情，通常有以下几种情况：

（1）大坝裂缝。裂缝通常是由大坝不均匀沉陷变形等原因引起坝体开裂形成缝隙的现象。一般裂缝属正常病害现象。当出现异常裂缝时，可能预示着坝体已发生滑坡，或是坝体已产生渗透破坏。大坝裂缝的危害程度可以从裂缝的走向、宽度、深度、发展变化程度及与渗流、滑坡的关联度等去判断。

（2）塌坑。塌坑是坝身或坝脚附近突然发生局部凹陷的现象。塌坑破坏了大坝的完整性，有时还伴随渗水、管涌、流土或漏洞等险情。塌坑的危害程度可以从坑内是否有水及塌坑的大小、深度、发展变化程度等去判断，同时还与塌坑的位置有关。不同位置的塌坑，产生的机理和危害程度会不同。

（3）滑坡。滑坡是坝坡失稳发生滑动的现象。开始时在坝顶或坝坡上出现变形或裂缝，随着变形增大或裂缝的发展与加剧，最后形成滑坡。大面积严重滑坡可能会造成溃坝。滑坡的危害程度可以从滑坡类型（浅层滑坡和深层滑坡）、范围、位置、发展趋势等去判断。

（4）护坡破坏。护坡破坏要根据破坏的范围、程度及危害度去判断险情。

（5）风浪破坏。风浪破坏是土坝临水坡遭受风浪冲击的破坏。根据破坏的位置、程度、是否会造成坍塌险情，是否会使坝身遭受严重破坏去判断险情。

在结构破坏险情中，裂缝、护坡破坏及风浪破坏一般认为是长期存在的，可按常规方式处理。在特定的情况下，这些险情仍会产生严重破坏，甚至发生失事。

4. 溢洪道险情

小型水库溢洪道多为开敞式。溢洪道类险情主要是边坡及导墙不稳、两岸山体滑坡、堰体失稳等。

（1）边坡及导墙不稳，将有可能导致在泄洪时，冲毁边坡和导墙。当导墙与坝体相连接时，洪水有可能冲击大坝，危及大坝安全。

（2）两岸山体滑坡，滑坡体堵塞溢洪道，过水能力降低，使大坝防洪标准降低，将会导致在低频率洪水时，发生洪水漫顶险情。

（3）堰体失稳，导致瞬间库水位下降，一方面加重下游的洪水危害，另一方面库水位骤降，将会影响上游坝坡稳定。

5. 输水建筑物险情

输水建筑物险情主要是坝内涵管出险和金属结构发生险情。

（1）坝内涵管出险，主要表现为渗漏、堵塞、塌陷等。

（2）金属结构发生险情，主要是启闭机失灵、闸门变形、钢丝绳断裂、闸门过水等。

6.2　抢险技术措施

抢险是为防止险情扩大避免水库工程失事而进行的紧急抢护工作。水库安全管理与抢险要贯彻"安全第一、常备不懈，以防为主、全力抢险"的防汛工作方针，局部利益服从全局利益，将保障人民的生命安全作为首要目标。

水库抢险措施包括工程技术措施和非工程技术措施。

6.2.1　工程技术措施

根据工程发生的不同险情采取相应的抢险工程措施。在工程应急抢险时，掌握以下 3 条原则。

（1）能按永久性要求抢修的险情，按永久性一次性抢修。

（2）不能按永久性要求抢修的险情，要采取临时性措施抢修，防止险情扩大，确保大坝安全。

（3）按临时性抢修的险情，抢修后必须跟踪巡视，汛后必须彻底加固处理。

6.2.2 非工程措施

非工程措施主要是编好小型水库抢险应急预案（详见本书第 8 章）。

1. 抢险应急管理

当小型水库出险时，一般由县级防汛防旱指挥部组织抢险，乡（镇、街道）政府和行政村配合做好抢险工作。

2. 预警体系

预警机制是指能及时、准确地昭示风险前兆，并能及时提供警示的机构、制度、网络、举措等构成的预警系统，其作用在于超前反馈、及时布置、防风险于未然，打信息安全的主动仗。建立一套适合小型水库的预警系统是保障水库安全运行、保障生命和财产安全的重要手段。

小型水库预警系统一般由人工巡视检查、水文测报系统、预警流程、通信系统、报警设施、应急管理组织等部分组成。在险情发生之前的预警主要是靠人工巡视检查、水文测报系统。出险后需要一套处置程序，另外还需确定预警的范围和预警等级。

6.3　土石坝抢险实用技术

6.3.1　降低库水位的技术措施

水库险情发生后通常应迅速降低库水位，减轻险情压力和抢修难度。降低库水位一般是抢险工作的第一步工程措施，也是效果最为显著的工程措施之一。

1. 思路和原则

水库一般设有泄水建筑物和输水建筑物，首先应利用现有的输、泄水建筑物降低库水位。当输、泄水建筑物下泄流量尚不能满足降低库水位的要求时，应采取其他的工程措施降低库水位，在降低库水位的过程中应考虑大坝本身的安全及下游影响范围内的防洪安全。

2. 具体措施

（1）水泵排水。

1）水泵排水的特点。①水泵为常见的排水设备，一般市场均可购买。②水泵规格型号较多，可根据不同的排水需要进行选择。③结构、操作简单且便于运输、储存，调用方便。④排水量可以控制，一般对下游建筑物不会产生冲刷影响。

2）适用范围。由于受排水量的限制，其排水强度不大，一般适用于库容较小的水库抢险。如2004年，某水库大坝发现漏水，为排除险情，先后调用了18台水泵、11支虹吸管进行排水，历时31h，防止了垮坝事故的发生。

（2）虹吸管排水。

1）虹吸管排水的特点。安装工艺简单，广泛应用于水利工程中；主材及配件较为普遍，一般市场均能购买，价格低廉；拆卸方便，可重复利用；连接方式方便，可根据排水量及排水速度选择虹吸管的管径大小及组数。

2）适用范围。由虹吸管的原理可知，管内的真空有一定的限制，真空度一般限制在7~8m水柱以下，因此，进水口至最高点的高差不应超过8m为宜，虹吸管排水一般适宜用于坝体高度较低的水库排水。

（3）增加溢洪道泄流能力。增加溢洪道泄流能力以增加泄流断面面积为主，可通过以下3种方法实施：

1）增加溢洪道过水宽度。根据溢洪道所在的位置及型式，将溢洪道拓宽，增加泄流量。如位于山岙处的开敞式溢洪道，可对溢洪道两边进行开挖，增加溢洪道过水宽度。

2）降低溢洪道底高程。降低溢洪道底高程应根据溢洪道的堰型确定选用的合适方法，对于人工筑建的实体堰，应先将堰体进行人工拆除。对于开敞式堰体，应结合溢洪道基础的工程地质条件状况，采用爆破等工程措施。

3）选择适宜的山凹哑口，采用非常规措施开挖、爆破等工程措施降低山体高度，达到增加泄水的目的。

增加泄流断面后，溢洪道泄流量的增加幅度较大，可相对较快的降低库水位，特别是在还有后继洪峰的情况下，可以有效地控制库水位，缓解工程险情恶化。例如，1998年6月26日，某水库在高库水位时M3测压管水位仅比库水位低0.6m，表明渗流通道已形成，险情严重。经专家研究决定，采用爆破方式，在溢洪道部位长20m范围内，将溢流堰的高程145.75m降低至143.70m高程，其中5m宽部分降低到141.5m高程。由于溢洪道全部建在基岩上，施工十分困难，抢险工作历时6d，确保了大坝安全。

（4）开挖坝体泄洪。开挖坝体泄洪亦称为破坝泄洪，即在大坝（副坝）坝顶合适部位开槽进行泄洪，坝顶开槽完成后，在槽内四周铺设土工膜、彩条带等防冲护面材料。应特别注意防冲材料的四周连接固定，以防被水冲走。有条件时可以采用钢管（如脚手架钢管）网格压住防冲材料，钢管网格采用锚杆深入坝体土中加固。挖坝泄洪示意图见图6.3.1。

1）开挖坝体泄洪特点。可采用大型机械设备作业，施工进度较快，可快速的降低水库水位。

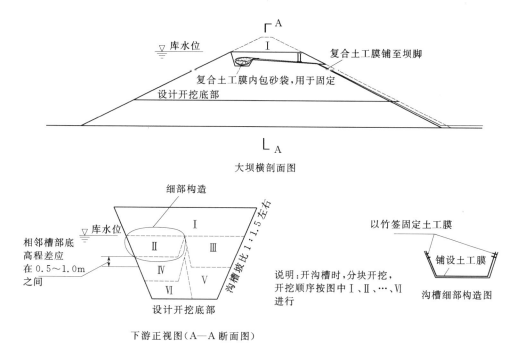

大坝横剖面图

下游正视图（A—A断面图）

图 6.3.1 挖坝泄洪示意图

2）适用范围。该方法一般应用在坝高比较低的小型土石坝上。在大坝出现严重险情，可能发生溃坝，但难以用简易措施在短时间内排除险情的情况下，可采用破坝泄洪。

3）技术要点。开挖的坝体要依次分层开挖；每层的溢流水深不超 0.5～0.6m 为宜，控制流速不要超过 3.5～4m/s；在库水位降至预定要求水位后，对剖出的临时泄水通道要进行加固，能满足当年安全度汛要求。例如，某水库总库容 13 万 m³，2004 年 8 月 25 日，左坝头的老涵管封堵失效出现严重渗漏并有泥沙带出（两个渗漏点流量分别为 50L/s、60L/s），导致下游坝坡出现二个塌坑，坝坡坝面内陷，危及大坝安全。由于降雨不止，溢洪道为岩石基础，无法快速开挖，水库仅有一直径 0.5m 的放水涵管，无法实现快速降低库水位。左坝头是老溢洪道位置，此处坝体仅有 10m 高，适合在坝顶开挖临时泄水通道进行降低库水位。8 月 26 日上午启动坝体开挖排水、降低库水位方案，将水位从 497m 逐步下降至 493.7m，险情基本得到控制。

3. 注意事项

（1）在降低库水位过程中，应考虑在库水位骤降工况下的上游坝坡的抗滑稳定问题，采取必要措施，确保工程安全。

（2）为了满足虹吸管的安装，需要挖槽以降低坝顶高程，其开挖面需要做好保护措施；做好虹吸管出口的防冲措施，最好将出口延长至超过大坝外坡脚范围，并做好简单的消能措施。

（3）采用增加溢洪道泄流能力、开挖坝体等措施进行降低库水位时，应考虑下游坝脚的消能防冲保护。另外在采用爆破方式降低溢洪道底高程时，应注意方案实施的可行性，避免因爆破引发或加重险情。

（4）挖坝泄洪存在一定的风险，只有在其他方法难以使库水位有效下降时，才考虑采用。

6.3.2　洪水漫顶抢险

洪水漫顶是库水从坝顶漫溢的现象，极有可能导致溃坝。其原因主要是由于大坝防洪标准偏低，或遭遇超标准洪水时，因泄洪设施出险，导致泄洪能力下降等。

6.3.2.1　思路和原则

首先应考虑加大泄洪流量，增加泄洪能力，降低库水位，其具体的思路、方法、原则已在本章6.3.1中详细介绍。其次亦可采用临时加高坝顶的办法，防止洪水漫顶，临时加高坝顶的思路是根据上游来水情况及水位上涨情况，临时增加坝顶高程，防止洪水漫顶。同时大坝下游坡设置防护设施，水库安全影响地区的人员应紧急转移，撤离到安全地带。

6.3.2.2　具体措施

1. 抢筑坝顶土袋挡水子堰

土料挡水子埝示意图见图6.3.2。

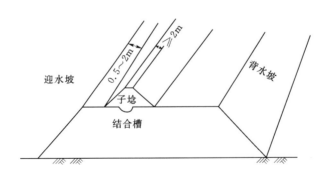

图6.3.2　土料挡水子埝示意图

（1）人员组织。应将抢险人员分成取土、装袋、运输、铺设、闭浸等小组，分头各行其是，做到紧张有序，忙而不乱。

（2）土袋准备。土袋可用编织袋、麻袋，袋内装土七八成满，不要用绳子扎口，以利铺设。

(3) 铺设进占。在距上游坝肩 0.5~1.0m 处,将土袋沿坝轴线紧密铺砌,袋口朝向背水面,堰顶高度应超过推算的最高水位 0.5~1.0m。堰高不足 1.0m 的可只铺设单排土袋,较高的子堰应根据高度加宽底层土袋的排数;铺设土袋时,应迅速抢铺完第一层,再铺第二层,上下层土袋应错缝铺砌。

(4) 止水。应随同铺砌土袋的同时,进行止水工作。止水方式可采用在土袋迎水面铺塑料薄膜或在土袋后打土堤墙;采用塑膜止水时,塑膜层数不少于两层,塑膜之间采用折扣搭接,长度不小于 0.5m,在土袋底层脚前沿坝轴线挖 0.2m 深的槽,将塑膜底边埋入槽内,再在塑膜外铺一排土袋,将塑膜夹于两排土袋之间;采用土堤墙止水时,要在土袋底层边沿坝轴线挖宽 0.3m、深 0.2m 的结合槽,然后分层铺土夯实,土堤墙边坡不小于 1:1。

(5) 随着水位的上涨,应始终保持挡水子堰高过洪水位直至洪水下落到原坝顶以下,大坝脱险为止。

1) 临时加高坝顶方法特点。可以快速施工,将坝顶加高至洪水位以上;抢险土袋等防汛物资比较容易获取;不会影响原坝体结构。

2) 临时加高坝顶适用范围。水库库容较小,因遭遇短历时强降雨而引起库水位的暴涨情况时,可采用临时加高坝顶的方法。

2. 加固防浪墙

在防浪墙后侧用土袋抢筑临时支撑体,确保防浪墙在水压力作用下保持稳定。加固防浪墙示意图见图 6.3.3。具体做法同坝顶临时挡水子堰。

3. 大坝临时过水

临时过水的方法是在大坝坝顶至下游坝坡铺设防渗、防冲材料(如土工膜、彩条带等),利用坝体临时过水,应特别注意防冲材料的四周连接固定,以防被水冲走。有条件时可以采用钢管(如脚手架钢管)网格压住防冲材料,钢管网格采用锚杆深入坝体加固。

图 6.3.3 加固防浪墙示意图

1) 坝体临时过水方法的特点。技术简单,施工迅速;抢险物质容易准备。

2) 大坝临时过水的抢险方法的适用范围。大坝下游坝坡必须为堆石坝边坡,坡度较缓,同时对坝体两岸山体也有一定的要求。这种方法只针对短历时洪水,且洪量较小的情况,同时应能够准确掌握相应的水文、气象等资料。

6.3.2.3 注意事项

1. 临时加高坝顶

(1) 根据推算洪水的上涨情况,做好抢筑子堰的材料、机具、人力、进度和取土地点、施工路线等安排。抢在洪水之前，完成子堰。

（2）抢筑子堰应全坝段同步施工、保证质量，特别是加高部位的止水工作。并指定专人巡视检查，发现问题，及时处理。

（3）确定下游人员安全转移的范围。

（4）由于水库在高洪水位，往往伴随着坝体渗漏加剧，造成流土、管涌等险情，以及坝体浸润线抬高，土体饱和造成坝坡滑坡等其他险情。因此在漫顶抢险时应注意坝体的各种变化情况，发现问题及时采取相应的措施，确保坝体安全。

2. 坝顶临时过水

（1）在万不得已的情况下才可以考虑这一措施。防渗防冲材料的铺设应覆盖下游坝坡并延伸到坝脚以外一定的距离。

（2）做好下游人员安全转移工作。

6.3.3　渗漏险情抢险

土质坝由土料填筑而成，具有一定的透水性。在库水位的水压力作用下，水必然会渗入坝体内，使坝体形成上干下湿的两部分，干湿两部分的分界线称为浸润线。浸润线与背水坡坝面的交点称为出逸点，也就是渗透水在背水坡坝面渗出的最高点。在水库持续高水位的情况下，由于坝体质量缺陷，渗透到坝体内的水较多，浸润线也不断地抬高，出逸点以下的土体逐渐湿润或发软，甚至不断地有水渗出来，这种现象称为渗水或渗漏。表现为在背水坡出现局部的或较大面积的湿润区、散浸，有的能明显看到渗出的细水流。

浸润线以下的土体饱和后，抗剪强度降低，将影响背水坡坝体的稳定，有可能产生滑坡。持续的渗水现象，有可能产生渗透破坏，造成塌坑、漏洞。

1. 思路和原则

大坝渗漏抢险原则是"临水面截渗、背水面导渗"。"临水面截渗"是在大坝上游临水面用不透水材料如土工膜、黏性土截住渗水入口范围，以减少渗水量，控制险情。"背水面导渗"是在背水面用透水材料如土工织物、砂砾石做反滤，使渗水集中起来排走，又避免渗水带走坝体土颗粒，使险情趋于稳定，确保大坝安全。

渗漏险情发生时，首先要查明渗水原因和险情的程度，再综合水情，决定是否立即抢险。如背水坡渗出少量清水，经观察并无发展，同时水情预报库水位不再上涨或上涨不大，应加强观察，注意险情变化，做好抢险准备。如背水坡渗水严重或已出现浑水，而水情预报库水位还要上涨则必须立即抢险。

临水面截渗需要在水下摸索，施工困难，效果较差。因此，为避免延误抢险时机，对小型水库而言，一般应先进行"背水面导渗"，视具体情况决定是否再实施"临水面截渗"措施。

2. 具体措施

常用的"背水面导渗"措施有三种，即反滤导渗沟法、贴坡反滤层法和透水压渗台法，具体见本书5.1.3。

6.3.4 管涌与流土险情抢险

管涌是指土体中的细颗粒在渗流作用下从粗颗粒骨架孔隙通道中流失的现象。流土是指在渗流作用下，在背水坡坝脚附近局部土体表面隆起、被渗透水流顶穿或粗细颗粒同时浮动而流失的现象。

在水库高水位时，渗透水流有可能使坝基土发生渗透破坏，主要类型为管涌或流土。在向上的渗透水流作用下，地表层局部范围内的土体或颗粒群同时发生悬浮、隆起、移动的现象称为流土。对于粗颗粒土如砂砾石，它由大小不同的粗细土颗粒组成，在渗透水流作用下，土中的细颗粒在粗颗粒之间空隙孔道中移动，以致流失；随着土的孔隙不断扩大，渗透水流流速不断增加，较粗的颗粒也相继被水流带走，最终导致土体内形成贯通的渗流水通道，这种现象称为管涌。

管涌或流土一般发生在大坝背水坡坡脚附近的地面上。管涌多呈孔状出水口，出口处"翻沙鼓水"，形如"泡泉"，冒出黏土粒或细砂，形成"沙环"。出水口孔径大小不一，小的如蚁穴大小，大的可达几十厘米；出水口数量多少不一，少的1～2个，多的则成群出现。发生流土时则出现土块隆起、膨胀、断裂或浮动等现象，又叫"牛皮涨"。若地基土为比较均匀的砂层，会出现小泉眼、冒气泡，继而是土颗粒向上鼓起，发生浮动、跳跃，这种现象称为"砂沸"，也是流土的一种形式。

在水库持续高水位时，管涌或流土险情将不断扩大，如不及时抢护，就可能导致坝身局部坍陷，有溃坝的危险。

6.3.4.1 思路和原则

根据产生管涌险情或流土险情的机理，抢险应按照"反滤导渗、控制涌水、给渗水留有出路"的原则进行。

发生管涌和流土险情后，为了控制渗水来源，首先需要考虑的是尽量降低库水位，并设法封堵和拦截临水面的入渗点。一般渗透水流的入渗点在大坝上游面，由于水深，难以检查和封堵。出险处在下游面坝脚附近，抢险时应采用反滤导渗的方式，给渗出来的水留有出路，又使地基土的细颗粒不再随渗透水流流失。

6.3.4.2 具体措施

抢修措施应根据管涌或流土险情的具体情况和抢修材料的来源情况确定，

常用方法有反滤压盖、反滤围井法等。反滤盖压法可分为土工织物反滤盖压法和砂石料反滤盖压法。反滤围井法可分为土工织物反滤围井法和砂石料反滤围井法。

反滤盖压法适用于发生管涌和流土的处数较多，面积较大，并连成片，渗水涌沙比较严重的地方。这个方法的要点一是铺设反滤层（反滤），二是在反滤层上面铺设压重物料（盖压）。

反滤围井法适用于背水坡坝脚附近地面的管涌、流土的数目不多，面积不大的情况；或数目虽多，但未连成大面积，并且可以分片处理的情况；对位于水下的管涌、流土，当水深较浅时，也可采用此法。这个方法的要点一是抢筑围井，二是在围井内铺设导渗材料。

1. 反滤

（1）土工织物反滤盖压法。具体要求是把地基上带有尖、棱的石块和一切杂物清除干净，加以平整。然后铺一层土工织物，其上再铺 40～50cm 厚的砂石透水料。最后在上面满压一层块石或沙袋。土工织物盖压范围至少应超过渗水范围周边 1.0m。土工织物反滤盖压法示意图见图 6.3.4。

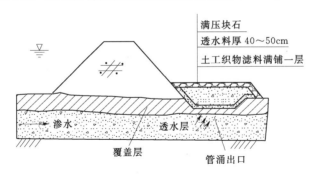

图 6.3.4   土工织物反滤盖压法示意图

（2）砂石料反滤盖压法。在砂石料充足的情况下，可优先选用这种处理方法。具体做法是先清理在铺设范围内的一些杂物和软泥，对其中涌水涌沙较严重的出口应用块石或砖块抛填，以消杀水势；然后压盖一层厚约 20cm 的粗砂层，其上先铺一层厚 20cm 的小石子，再盖一层厚 20cm 的大石子，最后在上面还要铺设一层块石予以保护；砂石反滤盖压范围应超过渗水范围周边 1.0m。砂石料反滤盖压法示意图见图 6.3.5。

上述两种方法的盖压工作完成后，应做集水导排沟把水排掉，并应密切监视险情范围有否外延现象发生。

2. 反滤围井法

具体做法是在反滤围井抢筑前，应先将渗水集中引流，并清基除草，以利

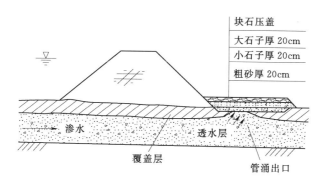

图 6.3.5 砂石料反滤盖压法示意图

围井砌筑；围井筑成后应注意观察防守，防止险情变化和围井漏水倒塌。

（1）土工织物反滤围井法。在抢筑围井时，应先将围井范围内一切带有尖棱的石块和杂物清除，表面加以平整后，先铺土工织物，然后在其上填筑沙袋或砂砾石透水料，周围用土袋垒砌做成围井。

围井范围以能围住管涌、流土出口和利于土工织物铺设为度，围井高度以能使渗漏出的水不带泥沙为度，一般高度为 1～1.5m。根据出水口数量多少和分布范围，可以布置单个围井（单个洞口围井直径为 1～2m）或多个围井，也可连片围成较大的围井。土工织物反滤围井法示意图见图 6.3.6。

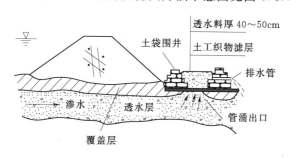

图 6.3.6 土工织物反滤围井法示意图

（2）砂石料反滤围井法。当砂石料比较丰富时，也可采用此法。抢筑这种围井的施工方法与土工织物反滤围井基本相同，只是用砂石反滤料代替土工织物。

按反滤要求，分层抢铺粗砂、小石子和大石子，每层厚度约 20～30cm。反滤围井完成后，如发现填料下沉，可继续补充滤料，直到稳定为止。

砂石料反滤围井筑好后，当管涌、流土险情已经稳定后，再在围井下端，用竹管或钢管穿过井壁，将围井内的水位适当排降，以免井内水位过高，导致围井附近再次发生管涌、流土和井壁倒塌，造成更大的险情。砂石料反滤围井示意图见图6.3.7。

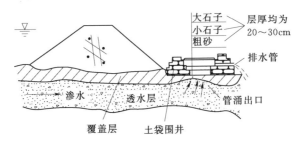

图 6.3.7   砂石料反滤围井示意图

对小的管涌和流土群,也可用无底水桶和汽油桶等套在出水口上,在桶中抢填砂石反滤料,也能起到反滤围井的作用。在易于发生管涌和流土的地段,有条件的可预先备好不同直径的反滤水桶,在桶底桶壁凿好排水孔;也可用无底桶,但底部要用铅丝编织成网格,同时准备好反滤料。当发生管涌或流土险情时,立即套上,并分层填铺反滤料。这样抢堵速度快,也能获得较好的效果。反滤水桶示意图见图6.3.8。

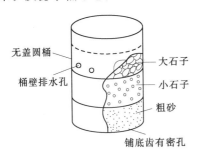

图 6.3.8   反滤水桶示意图

上述两种反滤围井仅是防止险情扩大的临时措施,并不能完全消除险情,围井筑成后应密切注意观察,防止险情变化和围井漏水倒塌。

3. 其他方法

(1)在坝后、坑塘(如鱼塘等)、排水沟或洼地等水下出现管涌时,作为应急措施,可结合具体情况,采用填塘或水下反滤层方法抢护。

填塘前先抛石、砖等填塞,待水势消减后,再采用砂性土或粗砂将塘填筑起来,制止涌水带砂,稳定险情。

采用水下反滤层措施,抢筑时,从水上直接向管涌区分层按要求倾倒砂石反滤料,形成反滤堆,制止细土粒外流,控制险情发展。

(2)透水压渗台法。在土坝背水坡脚抢筑透水压渗台,可平衡渗压,延长渗径,减小水力坡降,并能导出渗水,防止涌水带砂,使险情趋于稳定,这种方法叫透水压渗台(见图6.3.9)。透水压渗台填筑前应先将抢险范围内的杂物清除,用透水性强的沙土料填筑平台,平台的宽度和高度应满足能制止管涌产生为标准。

透水压渗台的填筑材料不得使用黏性土料,以免堵塞渗水出路,加剧险情恶化。同时透水压渗台铺填完成后,应继续监视观测,防止险情发生变化。

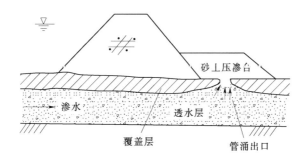

图 6.3.9　透水压渗台示意图

6.3.4.3　注意事项

（1）在坝的背水坡附近抢护时，切忌使用不透水材料堵塞，以免截断排水出路，造成渗透坡降加大，使险情恶化。

（2）使用土工织物作反滤材料时，应注意不要被泥土淤塞，阻碍渗水流出。

（3）透水压渗台应有一定的高度，能够把透水压住。

6.3.5　漏洞险情抢险

漏洞是指坝体或坝基质量差，或者内部有蚁穴，坝体填土与圬工或山坡接触部位等在高水位作用下，使渗漏加剧，将细颗粒土带走，形成漏水通道，贯穿坝身或坝基的渗流孔洞的现象。在汛期水库高水位情况下，在大坝下游背水坡及背水坡坝脚附近出现渗流孔洞，并有渗透水流出，或流出浑水，或由清变浑，或时清时浑，均表明漏洞正在迅速扩大，大坝有可能塌陷，严重时有溃坝的危险。因此，发现漏洞险情，必须慎重对待，全力以赴，迅速抢护。

6.3.5.1　思路和原则

漏洞险情一般发展很快，抢护时应遵循"前堵后排，堵排并举，抢早抢小，一气呵成"的原则进行。一旦大坝出现漏洞险情，首先应采取必要的措施降低库水位，同时要尽快找到漏洞进水口，及时堵塞，截断漏水来源。探找漏洞进口和抢堵，均需在水面以下摸索进行，要做到准确无误，不遗漏，并能顺利堵住全部进水口，截断水源，难度很大，为了保证大坝安全，在上游面堵漏洞的同时，还必须在背水面漏洞出口抢做反滤导渗设施，以制止坝体土料流出，防止险情继续扩大。这就是"堵排并举"的抢险原则。

在漏洞险情抢护时，万不可在漏洞出水口用不透水材料强塞硬堵，以免扩大险情。

6.3.5.2　具体措施

遵循"前堵后排，堵排并举"的原则，漏洞险情抢险的具体方法可分为前堵和后排两个方面。"前堵"就是临时性堵塞大坝临水面的漏洞进水口。可分为塞堵和盖堵两种方法。"后排"就是在大坝背水坡漏洞出口处把漏出来的水安全排走。一般"前堵"有困难时，重点放在"后排"上。可分为反滤盖压和反滤围井两种方法。

1. 上游洞口塞堵法

当漏洞进口较小、周围土质较硬时，可用棉衣、棉被、草包或编织袋内装土料等物填塞漏洞。这一方法适用于水浅，流速小，只有一个或少数洞口的坝段。洞口用塞堵法获得初步成功后，要立即用篷布、土工膜铺盖，再用土袋压牢，最后用黏性土封堵闭气，达到完全断流为止。若洞口不止一个，堵塞时要注意不得顾此失彼，扩大险情。

2. 上游洞口盖堵法

用土工膜、软帘等物，先盖住漏洞的进水口，然后在上面再抛压土袋或抛填黏土闭气，以截断漏洞的水流。根据覆盖材料不同，有以下几种具体方法：

（1）土工膜、篷布盖堵法。当洞口较大或附近洞口较多，可采用土工膜或篷布，沿迎水坝坡，从上向下，顺坡铺盖洞口，然后抛压土袋，并抛填黏土，形成贴坡体截漏。

（2）软帘盖堵法。此法适用于洞口附近流速较小，土质松软或周围已有许多裂缝的情况。一般可选用草席或棉絮等重叠数层作为软帘。也可就地取材，用柳枝、稻草、芦苇等编扎软帘。软帘的大小应根据洞口的具体情况和需要盖堵的范围决定。软帘的上边可根据受力大小用绳索或铅丝系牢于坝顶的木桩上，下边坠以重物，以利于软帘枕贴边坡并顺坡滚动。先将软帘卷起，盖堵时用杆顶推，顺坝坡下滚。把洞口盖堵严密后，再盖压土袋，并抛填黏土，以达到封堵闭气。软帘盖堵示意图见图 6.3.10。

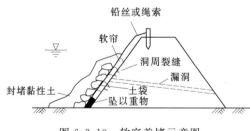

图 6.3.10　软帘盖堵示意图

（3）黏土盖堵法。坝的临水坡漏洞较多较小，范围较大，漏洞口难以找准或找不全时，可采用抛填黏土形成黏土贴坡达到封堵洞口目的。

3. 背水坡导渗排水法

常用的方法有反滤围井法和反滤压盖法。

（1）反滤围井法。坝坡尚未软化，出口在坡脚附近的漏洞，可采用此法；坝坡已被水浸泡软化的不能采用。该法仅适合于低坝，上下游水头不高时的情况。具体做法参见"管涌与流土险情抢险"部分。

（2）反滤压盖法。背水坡坝脚附近发生的渗水漏洞小而多，面积大，并连成片，渗水涌沙比较严重，可采用此法。具体做法参见本章6.3.4。

6.3.5.3 注意事项

（1）水库大坝一旦出现漏洞险情，应按照漏洞险情抢险要求，将抢险人员分成上游洞口堵塞和下游反滤填筑两大部分，有序地进行抢险工作。

（2）在抢堵漏洞进口时，切忌乱抛砖石等块状料物，以免架空，使漏洞继续发展扩大。在漏洞出水口处，切忌用不透水料强塞硬堵，导致堵住一处，附近又出现一处，愈堵漏洞愈大，致使险情扩大。

（3）采用盖堵法抢护漏洞进口时，需防止在刚盖堵时，由于洞内断流，外部水压力增大，从洞口覆盖物的四周进水。因此，洞口覆盖后立即封严四周，同时迅速压土闭气，否则一次堵漏失败，使洞口进一步扩大，导致增加再堵的困难。

（4）堵塞漏洞进口应满足的要求。

1）应以快速、就地取材为原则准备抢堵物料；用编织袋或草袋装土；用篷布或土工布进行盖堵闭浸。在漏洞抢堵断流后，要用充足的黏土料封堵闭气。

2）抢险人员应分成材料组织、挖土装袋、运输、抢投、安全监视等小组，分头行事，并应注意人身安全，落实可行的安全措施。

3）投物抢堵。当投堵物料准备充足后，应在统一指挥下，快速向洞口投放堵塞物料，以堵塞漏洞，减杀水势。

4）止水闭浸。当洞口水势减小后，将事先准备好的篷布（或土工布）沉入水下铺盖洞口，然后在篷布上压土袋，达到止水闭浸；有条件的也可在洞外围用土袋作围堰止水闭浸。

5）抢堵时，应安排专人负责安全监视工作；当发现险情恶化，抢堵不能成功时，应迅速报警，以便抢险人员安全撤退；抢堵成功后，应继续进行安全监视，防止出现新的险情，直到彻底处理好为止。

6）凡发生漏洞险情的坝段，汛期以后，库水位较低时，应进行钻探灌浆加固，必要时再进行开挖翻筑。

6.3.5.4 漏洞的探查

在抢护漏洞以前，为了准确截断水源，先要探找进水口的位置，一般常用的方法如下：

（1）水面观察。在水深较浅且无风浪时，漏洞进水口附近的水体易出现漩涡，如果看到漩涡，即可确定漩涡下有漏洞进水口，如漩涡不明显，可将麦麸、谷糠、锯末、碎草和纸屑等漂浮物洒于水面，如果发现这些东西在水面打漩或集中一处，即表明此处水下有进水口。如在夜间时，除用照明设备进行查看外，也可用柴草扎成数个漂浮物，将照明装置（如电池灯，油灯等）插在漂浮物上。在漏水地段上游，将漂浮物放入水中，待流到洞口附近，借光发现漂浮物如有旋转现象，即表明该处水下有洞口。

（2）布幕、席片探洞。可用布幕或连成一体的席片，用绳索将其拴好，并适当坠以重物，使其能沉没于水中，并紧贴坝坡移动，如感到拖拉费力，并辩明不是有块石阻挡，且观察到出口水流减弱，即说明这里有漏洞的进口。

（3）潜水探漏。如漏洞进水口距库面很深，水面看不到漩涡，需要潜水探摸，其办法是：用一长杆（一般长 4～6m），其一端捆扎一些短布条，潜水人员握另一端，沿临水坡面潜入水中，由上而下，由近而远，持杆进行探摸，如遇有漏洞，洞口水流吸引力可将短布条吸入，移动困难，即可确定洞口的大致范围。然后在船上用麻绳系石块或土袋，进一步探摸，遇到洞口处，石块被吸着，提不上来，即可断定洞口的具体位置。

有条件时，请专业潜水人员下水探查漏洞，不但可以准确确定漏洞的位置，还可以了解漏洞的其他情况，对抢险堵漏非常有利。对潜水探漏人员，应落实必要的安全设施，确保人身安全。

6.3.6　塌坑险情抢险

在水库持续高水位情况下，在坝的顶部、或上游坝面，或下游坝面及坝脚附近突然发生局部下陷形成凹坑，坑内干燥无水或稍有浸水，称为干塌坑，坑内有水称为湿塌坑。

塌坑险情破坏了大坝的完整性，有可能缩短渗水途径，有时还伴随渗水、管涌、流土或漏洞等险情同时发生，非常危险。

6.3.6.1　思路和原则

塌坑是一种表面现象，应按塌坑的类型确定抢修方案。

干塌坑可采用翻填夯实法处理。

湿塌坑常伴有渗水、漏洞发生，要特别注意抢修，一般采用填塞封堵或导渗回填等方法处理。当位于临水面的湿塌坑为漏洞的进口时，则应按本章6.3.5 中漏洞险情的抢险方法抢修。

6.3.6.2　具体措施

1. 翻填夯实法

对未伴随管涌、渗水或漏洞等险情的干塌坑采用此法。

具体做法：先将塌坑内的松土杂物翻出，然后按原坝体部位要求的土料回填夯实。对均质土坝的回填土料而言，如果塌坑位于坝顶部或迎水坡时，宜用渗透性能小于原坝身的土料，以利截渗；如果塌坑位于背水坡，宜用透水性能大于原坝身的土料，以利排水。如有护坡，必须按垫层和块石护砌的要求，恢复原坝状为止。如无护坡，则应按土质条件留足坡度，以免塌陷扩大，并便于填筑。

2. 填塞封堵法

湿塌坑位于临水面，又不是漏洞的进口，按此法处理。具体做法分为两种情况：

（1）塌坑口在库水位以上时，可用干土快速向坑内填筑，先填四周，再填中间，待填土露出坑内水面后，再分层用木杠捣实填筑，直至顶面。

（2）塌坑口在库水位以下时，可用编织袋或草袋、麻袋装土，直接在水下填实塌坑，再抛投黏土帮宽帮厚封堵，以免从塌坑处形成渗水通道。封堵塌坑示意图见图 6.3.11。

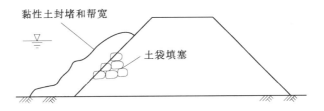

图 6.3.11　封堵塌坑示意图

3. 导渗回填法

对发生在大坝背水坡的湿塌坑，采用此法抢护。

先将塌坑内松湿软土清除，回填土料并夯实，再铺设导渗反滤料。反滤材料常采用砂石料或土工织物，具体做法可参考 5.1.3.1。导出的渗水，应集中安全地引入排水沟或坝体外。反滤材料抢护塌坑示意图见图 6.3.12。

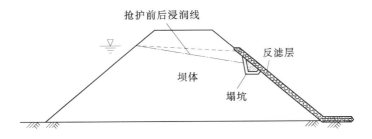

图 6.3.12　反滤材料抢护塌坑示意图

6.3.6.3　注意事项

塌坑险情往往是一种表面现象，引发塌坑的原因是不同的。因此，应针对不同的原因，采取不同的方法。

6.3.7　裂缝险情抢险

裂缝指大坝因基础或施工质量差、不均匀沉陷变形等原因而引起坝体裂开形成缝隙的现象。从裂缝出现的部位上可分为表面裂缝和内部裂缝。内部裂缝在大坝表面是观察不到的，观察到的裂缝称为表面裂缝。表面裂缝按走向可分为龟纹裂缝、纵向裂缝和横向裂缝。

龟纹裂缝方向没有规律，多呈龟裂状，上宽下窄，呈楔形尖灭，表面缝宽往往小于1cm，深度一般不超过1m，缝较宽较深的个别情况也有。

横向裂缝方向与坝轴线垂直或斜交。多发生在两坝头附近以及土石坝体与刚性建筑物结合坝段。

纵向裂缝方向与坝轴线大致平行。这种裂缝可长达数十米，甚至上百米。纵向裂缝可分为沉陷裂缝和滑坡裂缝。沉降裂缝在平面上一般接近直线，与坝轴线大致平行，自坝面大致垂直地向下延伸，缝口错距较小。滑坡裂缝在平面上一般呈弧形，裂缝两端延伸时弯向上游或下游，裂缝发展到一定程度时，坝面或坝基上相应部位发生隆起。

对大坝裂缝抢险要综合性地把握以下3个要点：

（1）总体上应对裂缝截断封堵，恢复坝体的完整性。

（2）应判明裂缝的类别和成因，采取相应措施。对伴随滑坡、塌陷等险情发生的裂缝，应先对滑坡、塌坑等险情进行抢险，待其险情稳定后再抢护裂缝。对较窄较浅的纵向裂缝或龟纹裂缝，可暂不处理，但应封堵缝口，以免雨水浸入。对明显的横向裂缝应迅速处理。

（3）对裂缝处理一般都要"开膛破肚"，作为汛期裂缝抢险必须密切注意库水位、水情和雨情的预报，要备足抢险物料，抓住无雨天气，突击完成，确保大坝安全。

常用的裂缝抢险方法有：

开挖回填法——没有滑坡可能的纵向裂缝。

横墙隔断法——适用于横向裂缝。

6.3.8　滑坡险情抢险

滑坡指坝体填筑质量差、边坡陡或库水位骤降、剧烈震动等原因，在荷载作用下滑动力增加、边坡失稳、发生滑动的现象。开始时在坝顶或坝坡上出现裂缝，随着裂缝的发展与加剧，最后形成滑坡。大面积严重滑坡可能造成溃坝，属于重大险情，必须立即抢险。

滑坡分为浅层滑坡和深层滑坡两种。浅层滑坡是坝体局部滑动，坝面有隆起凹进现象，滑动面较浅。深层滑坡是坝体和坝基一起滑动，滑坡体顶部裂缝呈圆弧形，缝的两侧有错距，滑动体较大，坝脚附近往往被推挤外移、隆起；或者沿坝基中软弱夹层面滑动。

6.3.8.1   思路和原则

造成滑坡的原因是滑动力大于抗滑力，所以应该设法减少滑动力与增加抗滑力。对于发展迅速的滑坡，应采取快速、有效的临时措施，按照"上部削坡减载，下部固脚阻滑"的原则及时抢修，阻止滑坡的发展。

对发生在迎水面的滑坡，可在滑动体坡脚部位抛砂石料或砂（土）袋压重固脚，在滑动体上部削坡减载，减少滑动力。

对发生在背水坡的滑坡，常采用压重固脚法、滤水土撑法和以沟代撑法进行抢修。

6.3.8.2   具体措施

1. 压重固脚法

此法适用于坝身与基础一起滑动的滑坡；坝区周围有足够可取的当地材料作为压重体，如块石、砂砾石、土料等。

具体要求：压重体应沿坝脚布置，宽度和高度视滑坡体的大小和所需压重阻滑力而定；堆砌压重体时，应分段清除松土和稀泥，及时堆砌压重体，不允许沿坡脚全面同时开挖后，再堆砌压重体。

在保证坝身有足够的挡水断面的前提下，将滑坡的主裂缝上部进行削坡，以减少下滑荷载。同时在滑动体坡脚外缘抛块石或砂（土）袋等，作为临时压重固脚，以阻止继续滑动。

2. 滤水土撑法

该法主要适用于背水坡排水不畅，坝区缺乏石料，滑动范围较大，滑动裂缝达到坝脚的滑坡。具体做法见图 6.3.13。

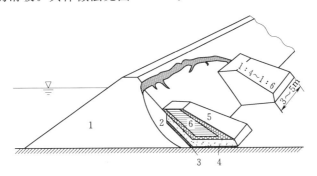

图 6.3.13   滤水土撑治理滑坡示意图
1—坝体；2—滑动体；3—砂层；4—碎石；5—土袋；6—填土

（1）先做导渗沟。先将滑坡体的松土清理，然后在滑坡体上顺坡挖沟（间距一般为 3～5m，沟深一般不小于 0.5m）至坡脚处拟筑土撑的部位，沟内按反滤要求铺设土工织物滤层或分层铺填砂石等，并在其上部做好覆盖保护，在滤沟末端挖纵向明沟，以利渗水排出。

（2）再做土撑。土撑应在导渗沟完成后抢筑。土撑布置应根据滑坡范围大小，沿坝脚布置多个土撑；裂缝两端各布置一个土撑，中间土撑视滑坡严重程度布置，一般间距 5～10m；单个土撑的底宽一般 3～5m，土撑高度约为滑动体的 1/2～2/3，土撑顶宽 1～2m，后边坡 1：4～1：6；视阻滑效果可加密加大土撑。

（3）土撑结构。铺筑土撑前，应沿底层铺设一层 0.1～0.15m 厚的砂砾石（或碎砖、或芦柴）起滤水导渗作用；再在其上铺砌一层土袋；土袋上沿坝坡分层填土压实。

3. 以沟代撑法

此法适用于坝身局部滑动的滑坡。具体做法见图 6.3.14。

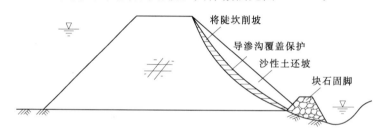

图 6.3.14 背水坡以沟代撑示意图

（1）撑沟布置。应根据滑坡范围布置多条沿坝坡自上而下的 I 形导渗沟，以导渗沟作为支撑阻滑体，上端伸至滑动体的裂缝部位，下端伸入未滑动的坝坡 1～2m，撑沟的间距视滑坡严重程度而定，一般 3～5m。

（2）构造要求。撑沟的深度一般为 0.8～1.0m，宽度为 0.5～0.8m，沟内按滤层要求回填砂砾石料，填筑顺序按粒径由小到大、由周边到内部，也可用无纺布包裹砾石或砂卵石料，填成封闭的棱柱体，撑沟顶面应铺砌块石或回填料土保护层，厚度为 0.2～0.3m。

（3）在沟底部砌筑块石固脚。

6.3.8.3 注意事项

（1）在滑坡险情出现以及抢护中，还可能伴随出现浑水漏洞、管涌、严重渗水以及再次发生滑坡等险情。在这种复杂紧急情况下，应选定多种适合险情的抢护方法。

（2）渗水严重的滑坡体上，要尽量避免大量抢护人员践踏，造成险情扩大。如坡脚泥泞，人上不去，可铺土工织物、篷布、芦柴、草袋等，先上去少数人工作。在滑坡抢险过程中，要确保人身安全。

（3）压重固脚法是迎水坡抢险的有效方法。要探明水下滑坡的位置，然后在滑坡体外缘进行抛石固脚。严禁在滑动土体上抛石，这不但不能起到阻滑作用，反而加大了向下滑动力，会进一步促使土体滑动。

（4）通常情况，在水库高水位时下游背水坡易发生滑坡，在库水位骤降时上游迎水坡易发生滑坡。滑坡往往都有预兆，应予以密切注视裂缝变化和大坝位移变化。

1）裂缝形状。滑动裂缝主要特征是主裂缝两端有向边坡下部逐渐弯曲的趋势，两侧分布有众多的平行小缝，主缝两侧有错动。

2）裂缝发展。滑动性裂缝初期发展缓慢，后期逐渐加快，而非滑动性裂缝则随时间延长而逐渐减慢。

3）坝顶位移观测。发生滑坡或即将发生滑坡时，坝身在短时间会出现持续而显著的位移，且位移量又逐渐加大，边坡下部的水平位移量大于边坡上部的水平位移量，边坡上部垂直位移向下，边坡下部垂直位移向上，坝坡面出现局部隆起。

6.3.9 输泄水建筑物险情抢护

6.3.9.1 溢洪道险情抢险

为保证大坝安全，溢洪道常见安全隐患必须在汛前予以处理。如溢洪道进口段和溢流堰顶上堆积的阻水岩块、杂物必须在汛前清除；溢洪道边坡在汛前应予以清理与加固，避免汛期坍塌而堵塞溢洪道；溢流堰、闸墩和边墙等部位混凝土裂缝、局部缺陷等可用环氧砂浆、快凝砂浆等材料在汛前予以修补；汛期泄洪时，要及时打捞漂浮物，以免阻塞溢洪道或减少泄洪流量。

（1）溢洪道断面尺寸、高程和溢流堰型没有达到设计要求，一般采取增加溢洪道泄流能力的办法进行抢险，具体见本章 6.3.1。

（2）当泄槽导墙高度不足，或泄洪时导墙被下泄洪水冲毁，进而冲刷坝坡时，应及时抛筑块石或铺设土袋，对导墙加高加固，并保护坝坡不被水流冲刷。

（3）当消力池底板被掀起、折断而失去消能作用时，可临时抛块石或铅丝笼装块石予以抢护。抛块石抢护时，其体积应能满足抗冲要求。

（4）当泄洪尾水淘刷坝脚时，应及时抛块石或铅丝笼装块石，或编织布土袋抢筑阻水墙，将泄洪尾水与坝脚隔开，并及时修复被淘刷的坝脚。

（5）当岸坡坍塌堵塞溢洪道可能出现洪水漫坝的紧急情况下，可用机械或爆破等方式加深加宽溢洪道。采用爆破施工时，应制订爆破方案，防止破坏大坝等构、建筑物。

6.3.9.2　闸门故障抢修

1. 闸门启闭运用失控时的抢险法

（1）立即吊放事故检修门或叠梁，如仍有漏水，可在抢修门或叠梁前铺放复合土工布、篷布等，并抛填土袋、土料等堵漏。

（2）待不漏水后，对工作门门槽、启闭设备、钢丝绳等进行检修或更换。

（3）若无事故检修门及门槽，可根据闸孔跨度用角钢焊制一框架，网格尺寸以 0.2m×0.2m 左右为宜，将其吊放在闸门前，然后在框架前抛填土石袋挡水，直至高出水面，并在土袋前抛黏土封堵止水，以替代检修闸门。

（4）因闸门启闭螺杆或拉条折断而不能开启时，可派潜水员检查闸门卡阻原因及螺杆、拉条断裂的位置，用钢丝绳系住闸门吊耳，用滑轮组、绞车进行临时提开闸门泄洪，待水位降低，露出折断部分后，再行拆卸更换。

（5）当采用各种方法，闸门仍然无法开启或开启不足以危及大坝安全时，可立即报请主管部门同意，采用破坏闸门措施，强制泄洪。

2. 涵管（洞）闸门开启后不能关闭时的抢堵法

（1）涵管（洞）闸门在高水位时，因闭门所需顶压力不足，在小开度时难以关闭，或因门槽内有石块而无法清除时，可采用抛土袋办法止漏。

（2）若因自重不够无法关闭时，可采用门顶加压或加重的办法关闭使闸门。

（3）采用斜提式放水孔或分级斜卧管放水孔，若闸门无法关闭或门板破裂时，可采用网孔不大于 0.2m×0.2m 的钢筋网盖住进水口，再抛土袋或其他堵水物堵水。

（4）对直面圆形进水孔，可用塑料编织袋装满土，再外包棉絮、土工布等，用铅丝扎成圆球，用绳索或竹竿控制下沉进行封堵。

3. 闸门漏水抢堵法

闸门漏水需要临时抢堵时，可从闸门上游靠近闸门处，用沥青麻丝、棉纱团、棉絮等堵塞缝隙，并用木楔挤紧；若是木闸门漏水，可用木条、木板或布条、沥青等材料进行修补。

4. 注意事项

（1）处理闸门事故时，必须注意安全，特别是正在放水的涵洞，绝对不能轻易派人潜水检查，以免发生事故。

（2）采用破坏闸门措施时应确保大坝和人身安全。

6.3.9.3　输水涵管（洞）漏水险情抢险

1. 输水涵管（洞）与土坝结合部位渗漏的抢护

输水涵管（洞）与坝体土料结合不紧密，未做截水环或截水环质量不好，管（洞）壁与涵衣之间砌筑不密实等均可使涵管（洞）外壁与土坝接合处形成渗漏通道,造成漏水,这种漏水表现在管(洞)的出口处外壁与坝坡之间有湿润,当渗水发展成漏水通道时,一般会在洞的进出口附近发生湿陷,严重时坝坡处会出现塌坑。

输水涵管(洞)与土坝之间的漏水,发展很快,危害很大,需要及排查,一旦发现,及时抢护。对属于渗漏和漏洞的险情,可按本章第6.3.5中渗漏和漏洞险情的抢护办法进行抢险。

2. 输水涵管(洞)地基渗透破坏的抢险

输水涵管(洞)地基未处理或处理不彻底,在高水位长期作用下,地基土大量流失,发生严重渗透破坏,将会造成洞身塌陷、断裂、下沉,坝坡出现塌坑,如不及时抢护,可能导致土坝溃决。

抢护原则与方法:抢护原则是上游截渗,下游导渗。具体措施是上游抛黏土截渗,在渗漏进口处,用船或浮排载运黏土和黏土袋,运至渗漏范围内,先铺土工布或篷布,上抛土袋,再抛黏土,落淤封闭。如渗漏进口较分散,也可用船、浮排运黏土在渗漏区直接抛填,形成铺盖层,防止渗漏。下游抢筑反滤层或反滤盖重,具体可按第四章第三节介绍的反滤层和反滤盖重办法进行抢护。

3. 输水涵管(洞)管身漏水险情抢护

由于输水涵管(洞)管身施工质量差,材料性能不好或地基产生不均匀沉陷,使涵管(洞)管身产生蜂窝、裂缝,甚至断裂,由此而产生水流穿过管(洞)壁漏水,这种漏水有两种形式:一种是在有压涵管(洞)中,由于内水压力的作用,水流穿过管(洞)壁渗出管(洞)外,再沿着涵管(洞)外壁与坝体之间向下游渗漏;另一种是在无压涵管(洞)中,水流穿过涵管(洞)壁渗入管(洞)内。这两种形式的漏水,产生的险情不同,抢险方法也不同。

(1)抢险措施。输水涵管(洞)漏水的抢险措施应根据涵管(洞)结构特征及漏水造成的危害情况,有针对性地采取相应的抢险措施。

1)若涵管(洞)内径较大,则应在管(洞)内对管(洞)身裂缝及断裂等漏水部位采用速凝砂浆、水下环氧砂浆等修补材料进行修补堵漏。

2)若水流穿过管(洞)壁沿涵管(洞)外壁与土坝接触处向下游涵管(洞)出口处漏水,则应在涵管(洞)出口处修筑反滤层,阻止土颗粒被渗漏水带走,使坝体免遭渗透破坏。具体可参照本章6.3.4管涌与流土险情相关抢险办法进行处理。

3)若涵管(洞)内漏浑水,说明漏水已形成漏水通道,坝体土颗粒被水流带走,坝体已遭受渗透破坏,随着漏浑水严重程度的加剧,沿管(洞)身位置附近坝体会出现塌坑,危及坝体安全。抢险时,应参照本章6.3.6土坝坝体塌坑险情抢险办法处理。

（2）注意事项。

1）输水涵管（洞）漏清水，说明坝体虽有漏水，但尚未遭受渗透破坏，短时间内不会危及坝体安全，但若长期漏水，可能会发展成漏浑水，应密切监视漏水情况的变化。

2）输水涵管（洞）有时开始漏浑水，后来转为漏清水，这可能是在渗漏过程中，漏水使管（洞）壁外在短时间形成了天然反滤层，阻止了土颗粒被渗漏水带走，但这种反滤层是不稳定的，随时有再度被破坏的可能。所以，当出现这种情况时，千万不能麻痹大意，仍应及时采取抢护措施。

3）在有压涵管（洞）中，水流穿过管（洞）壁，沿着管（洞）外壁与坝体接触部位向下游漏水，其外部表现与库水直接沿着涵管（洞）外壁与坝体之间的渗漏很难区别，可通过闸门的启闭运行来判断。当出口闸门开启与关闭情况下，涵管（洞）出口洞壁与坝体间的漏水情况无变化，则说明漏水是通过洞外壁的漏水；若闸门开启后，漏水量减少或不渗水，闸门关闭后，漏水量大增，说明水是从涵管（洞）内穿过洞壁向外的漏水，输水涵管（洞）结构上已存在裂缝或断裂。

6.3.10　风浪险情抢护

风浪险情是指大坝临水坡遭受风浪冲击，破坏坝坡结构的一种险情。当风浪在坝坡上反复冲击时，坝坡易产生真空，出现负压区，使坝身土料或护坡被水流冲击掏刷，遭受破坏。轻者使坝坡冲成陡坎，严重者可导致溃坝。

6.3.10.1　思路和原则

风浪抢护的原则一是消减风浪冲击力，二是加强临水坡的抗冲力。利用漂浮物防浪，可以削减波浪的高度和冲击力这是一种比较有效的方法。由于波浪的能量多半集中于水面上，所以把漂浮物置放在临水坡前，波浪经过漂浮物后，其运动的规律被打乱，水质点的速度因而减缓，各质点相互干扰，能量减小。在波浪经过漂浮物后，浪高变小，冲击力减弱。另一种方法是增加临水坡的抗冲能力，利用防汛物资，经过加工铺压，保护临水坡增加抗冲能力。

6.3.10.2　抢险措施

1. 木排防浪

选用直径5～15cm的圆木，采用绳缆或钢丝扎木排，重叠2～4层，总厚度30～50cm，宽度1.5～2.5m，长度3～5m，置于迎水坡1～50m的距离，起到防浪的作用。一般用一块或几块连接起来，圆木排列的方法应当和波浪传来的风向垂直。木排下适当坠以块石或砂石袋可增强防浪效果。一般来讲，木排的长度和厚度均与水深有关,木排越长,消浪效果越好,厚度在水深的1/10～1/20时,消浪效果最好。木排的排放位置一般跟水面宽度坝前水深有关,当离堤坝的临水坡相当于浪长的2～3倍时,挡浪效果较好。木排防浪示意图见图6.3.15。

木排防浪的适用于木材较多的地方,其结构较为牢固,消浪效果好。但木排的制作较为复杂,技术要求比较高,当木排绳缆断开或者木材开裂时,有撞击大坝等危险。

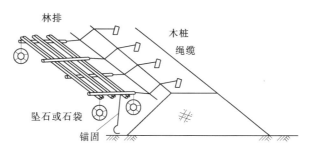

图6.3.15 木排防浪示意图

2. 挂柳防浪

选用枝叶繁茂的大柳树,将其树冠倒挂于岸坡前,树干部分固定于坝顶,进行防浪。由于柳树枝梢的面积较大,消浪效果比较好,这种方法一般适用于1～5级风浪以下,其缺点是在时间稍长的情况下,柳叶腐烂,同时由于枝杈摇动,可能损坏大坝边坡。

3. 挂枕防浪

采用柳枝、秸料或芦苇扎成直径0.5～0.8m的枕,置于坝坡前,另一端用绳索固定于坝顶的桩上,当风浪较大时,可采用连环枕防浪,就是用绳缆、木杆或竹竿将多个枕联系在一起做成连环枕。其优点是可以就地取材,造价省,且枕料柔软,不会破坏坝坡,消能效果也较好。但其缺点是枕料易腐朽,使用时间较短其次是坝顶的木桩可能对坝身产生一定的破坏。

4. 土工织物防浪

利用土工织物铺放在坝坡上,以抵抗波浪的破坏作用。

5. 柳箔防浪

在风浪较大,坝坡上土质较差的坝段,把柳、稻草、苇或其他秸料捆扎并编织成排,固定在坝坡上,以防止风浪冲刷。适用于小(2)型水库的低坝上。

6. 土袋防浪

这种方法适用于土坡抗冲性能差,当地缺少秸、柳等软料,风浪冲击又较严重的坝段。一般风浪达到4级时,可使用土、沙袋防浪。风浪达到6级,可使用石袋。

　　7. 柴草防浪

　　在坝的迎水坡受风浪冲击范围的沿顺坝坡打签桩一排，将柳枝、秸料、芦苇等梢料分层铺填在坝与签桩之间，直至高出水面约 1.0m，再压以块石或土袋，以防梢料漂浮。如水位上涨，防护高度不足，可采用同法，退后作第二级或多极桩柳防浪。

6.4　其他坝型抢险实用技术

　　小型水库大坝坝型主要是土石坝，也有少量的混凝土重力坝，浆砌块石重力坝，拱坝等坝型。从历史上看，重力坝、拱坝发生垮坝的实例很少。对于混凝土坝而言，其险情主要有渗漏、裂缝、岸坡不稳、输泄水建筑物险情等。

　　一般混凝土坝发生渗漏、裂缝和岸坡不稳均是一个缓慢变化的过程。可通过分析其原因，对症下药，采用日常维修的办法，能够解决这些问题。

　　发生输泄水建筑物类险情时，抢险方法见本章 6.3.9。

7 库区管理

水库库区指一定高程线以下的土地、水体和水面构成的体系，其主要功能是储蓄和提供水资源、运移或承载泥沙，保护可供使用的土地、养鱼、航运和旅游等。库区管理是对一定高程线（一般指移民征地线，有的地方指正常蓄水位、设计洪水位）以下土地资源、水资源、水体和水面、建设项目等相关业务的管理。

7.1 管护范围

为了加强水库工程安全管理及周边环境保护，应根据相关法律法规，明确水库工程的管理和保护范围。按照《水库工程管理设计规范》，水库工程的管理范围应包括工程区、生产和生活区（含后方基地）。

工程区的管理范围包括大坝、泄水建筑物、输（引）水建筑物、电站厂房、开关站、输变电、船闸、码头、鱼道、水文站、观测设施、专用通信及交通设施等各类建筑物周围和库区土地征用线以内的库区。保护范围在工程管理范围边界线外延，主要建筑物不少于 200m，一般不少于 50m。

生产、生活区（含后方基地）的管理范围包括办公室、防汛调度室、值班室、仓库及油库、机修房、加工厂、职工住宅及其他文化、福利设施等，其占地面积应符合有关规定和满足运行管理需求。

库区的管理范围为水库征用线以内的范围，其保护范围为管理范围边界以外 50~100m 内的地带。

明确库区管理和保护范围是加强库区管理的前提条件。未划定管理范围和保护范围的，水库管理单位及其主管部门应按水利部《关于开展河湖管理范围和水利工程管理与保护范围划定工作的通知》（水建管〔2014〕285 号）要求，提请地方人民政府，按规定进行划界，划界成果报县级人民政府并向社会公布；已划定管理范围和保护范围的水库工程，应明确管理界线，并设置明显界桩、标志和警示牌。库区管理范围内的土地，应和工程占地、库区征用的土地一道，办理土地使用证；保护范围的土地，虽然不占用，但应根据工程管理需要和相关法律法规规定，制定保护范围管理办法。

7.2　资源管理

库区资源主要包括土地资源、水资源（水量和水质）、水体和水面、水利风景区资源等。

7.2.1　水资源管理

水资源管理是水行政主管部门运用行政、法律、经济、技术和教育等手段，组织各种社会力量开发水利和防治水害，协调社会经济发展与水资源开发利用之间的关系，处理各地区、各部门之间的用水矛盾，监督、限制不合理的开发和危害水源的行为，制定供水系统和水库工程的优化调度方案。

1. 水资源管理基本原则

（1）开发与保护并重。在开发水资源的同时，重视森林保护、草原保护、水土保持、河道和湖泊整治、污染防治等工作，以实现涵养水源、保护水质的效果。

（2）水量和水质统一管理。由于水质的污染日趋严重，可用水量逐渐减少。因此，水库水资源的开发利用应统筹考虑水量和水质，规定污水排放标准和制定切实的保护措施。

（3）效益最优。对水库水资源开发利用的各个环节（规划、设计、运用），都要拟定最优化准则，以最小投资取得最大效益。

2. 管理措施

（1）行政法令措施。运用国家行政权力，成立管理机构，制定管理法规，由管理机构按照法律法规审查批准水资源开发方案，办理取水许可证，检查水资源法规和政策的执行情况，监督水资源的合理利用等。

（2）经济措施。包括审定水价和征收水费，明确谁投资谁受益的原则，对保护水源、节约用水、防治污染有功的单位和个人给予奖励，对违反法规者实行经济赔偿或处罚。

（3）技术措施。充分认识小型水库水资源的特点和问题，采取合理的技术手段，开发利用并保护好水资源。

（4）宣传教育措施。利用各种媒体，向广大群众特别是水库周边群众介绍加强水资源管理的意义和有关的政策法规，使广大群众认识水的资源属性，自觉节约使用水资源。

3．保护措施

（1）工程措施。主要是为了防止水库水体污染，使水质达到拟定的目标、满足功能要求，对排放废水采取的削减处理、调度等工程。可从如下方面进行工程措施布置：排污口布置、废污水调度、清污分流、氧化塘、污水资源化等工程，工业、农业、生活及其他污染源处理措施。

（2）管理措施。根据小型水库管理和运行机制、经费保障和管理技术手段的基础上，制定保护水库水资源的管理模式和运行机制。

（3）法律法规措施。根据现行水资源保护法律法规，制定水库水资源保护管理办法和实施细则等。

7.2.2　消落区管理

原则上，小型水库建成后消落区的土地属国家或集体所有，由水库管理单位负责，在服从水库统一调度和保证工程安全、符合水土保持和水质保护要求的前提下，通过当地人民政府优先安排给当地农村移民使用，或成立库区管理委员会，由用水户代表、水利工程管理单位、地方政府代表等，共同协商解决消落区土地开发利用、管理和保护等问题。

7.2.3　水体利用管理

水库水体的利用是指通过种植、养殖等技术措施，投入资金、物力、人力、科技等，利用水库水体的深度和广度开展的经济活动。水库管理单位在管好用好工程设施、保证安全的前提下，可根据实际情况利用水库水体，发展养殖、种植等经营活动。水库水体利用，应当符合水功能区划，坚持兴利与除害相结合，兼顾上下游有关地区之间的利益，充分发挥水资源的综合效益，服从防洪的总体安排。

目前，大部分小型水库水体的利用仍以养殖为主。县级以上人民政府水行政主管部门以及有关部门在制定水库水体开发利用规划时，应当注意维持水库的合理水位，维护水体的自然净化能力，作为饮用水水源地的水库，只能以净化水质和维持库内生态平衡为目标开展适度养殖。

有关单位和个人利用水库进行水产养殖或其他经营活动的，必须事先经过水库主管部门或管理单位同意，有偿使用。因违反经批准的相关规划造成水库水体使用功能降低、水体污染的，应当承担治理责任。水产养殖或其他经营活动不得影响大坝安全和污染水体。

7.2.4　水利风景区管理

水利风景区是指以水域或水利工程为依托，利用具有一定规模和质量的风景资源与环境条件，开发观光、娱乐、休闲、度假或科学、文化、教育活动的区域。通过对水利风景区的管理，有利于加强水库水资源和周边生态环境保护，有利于水库工程安全运行。

水库的水利风景区管理机构一般为工程管理单位，负责水利风景区的建设、管理和保护工作。应当加强水利风景区的安全管理，设置安全生产专职管理人员，建设安全保障设施，编制应对突发事件预案，增强有效处置能力，保障景区和工程安全。

水利风景区内禁止各种污染环境、造成水土流失、破坏生态的行为，禁止存放或倾倒易燃、易爆、有毒、有害物品。按照《水利风景区管理办法》，在水利风景区内从事养殖及各种水上项目、采集标本或野生药材、设置及张贴标语或广告、经商以及其他可能影响生态或景观等活动，应经管理机构同意，并报有关水行政主管部门批准。

7.3　管理范围内建设项目管理

库区管理范围内建设项目的管理包括项目的申请、受理和审查、监督和管理。

7.3.1　建设项目的申请

在库区管理范围内修建各类永久性建筑物、构筑物的，建设单位应按规定向主管机关逐级提出申请，并附送有关材料，如兴建建设项目的依据、洪水影响评价报告，涉及取用水的还应提交经主管部门审定的水资源论证报告及批准文件等。

在库区管理范围内修建各类临时建筑物、构筑物或占用校核洪水位以下土地开展生产经营等各类临时活动的，单位或个人应当向当地水库主管机关提出申请，并附送有关材料，如工程建设方案、图纸以及防御洪水的标准和度汛措施，占用水库岸线和库区管理范围内的土地情况，建筑物、构筑物占用土地及岸线水域的时间与恢复措施。临时建设项目可能影响第三方合法水事权益的，还应提供影响第三方合法水事权益的相关协议书。

7.3.2　建设项目的受理和审查

水库主管机关按管理权限和建设项目规模，对申请的建设项目进行审查，并提出审查意见。审查同意的，应下发给申报单位审批文件，该审批文件即作为水库审查同意书。审查不同意或要求建设单位进一步修改补充后再进行审查的，应在审查意见中予以说明。

建设项目最终的审定方案发生变化，如项目的性质、位置、界限、规模、结构作较大变动的，应事先征得水库主管机关的同意，必要时建设单位应当重新办理审查同意手续。

7.3.3 建设项目的监督和管理

建设项目开工前，建设单位应告知当地水库主管机关，并由审查同意该项目的水库主管机关或其授权、委托的主管部门按照审查同意书的要求施放治导线，施工单位不得越线施工。经批准的建设项目在 3 年内未正式开工建设的，建设单位应重新申请办理审查同意书。

为保证建设项目施工弃渣的清除，确保行洪畅通，建设单位在开工前，应将含有施工弃渣清除方案在内的施工安排计划报送主管机关；主管机关认为其施工安排计划存在防洪安全隐患或弃渣清除方案不符合要求的，应书面通知建设单位改正。建设单位应根据施工安排计划中的弃渣清除方案，分期清除施工围堰、残柱、沉箱、废渣等施工遗留物。

对库区管理范围内建设项目的施工活动，主管机关有权依法检查，被检查单位必须如实提供有关情况和资料。建设项目施工、出渣、物资堆放等不符合防洪要求的，主管机关应提出整改意见，建设单位必须执行。遇重大问题，应同时报告上级水库主管机关和建设单位的上级主管部门。工程施工完毕，建设单位应及时向主管机关报送有关竣工资料，竣工验收必须有水库主管机关参加。

8 应急管理

水库大坝突发事件应急预案是控制水库大坝风险最重要、最有效的非工程措施，是针对水库大坝可能的突发事件，分析其发生的可能性大小，研究其发生的过程和特征，预测其影响后果的范围与程度，制订行之有效的处置方案，建立有效的指挥与防控组织体系，提供可靠的保障措施，实行严格的运行与管理制度，达到防范与降低水库大坝突发事件的可能性，将突发事件的危害降低和控制在一定范围，最大限度地减少人员伤亡和财产损失，维护公众生命安全和社会稳定的目的。

小型水库管理单位及其主管部门应结合水库实际，坝高超过 15m 的按照《水库大坝安全管理应急预案编制导则（试行）》，编制水库大坝安全管理应急预案，坝高低于 15m 的，可参照执行。有防汛任务的小型水库，还应按照《水库防洪抢险应急预案编制大纲》编制防洪抢险应急预案。

8.1 突发事件分级

水库大坝突发事件是指突然发生的，可能造成重大生命、经济损失和严重社会环境危害，危及公共安全的紧急事件。

1. 突发事件分类

（1）自然灾害类。如洪水、上游水库大坝溃决、地震、地质灾害等。

（2）事故灾难类。如因大坝质量问题而导致的滑坡、裂缝、渗流破坏而导致的溃坝或重大险情；工程运行调度、工程建设中的事故及管理不当等导致的溃坝或重大险情；影响生产生活、生态环境的水库水污染事件。

（3）社会安全事件类。如战争或恐怖袭击、人为破坏等。

（4）其他水库大坝突发事件。

2. 突发事件等级

水库大坝突发事件众多，溃坝作为水库大坝最为严重的突发事件，所造成的生命损失、经济损失及社会影响最为严重。按生命损失、社会环境影响和经济损失的严重程度，水库大坝突发事件分为四级，即特别重大（Ⅰ级）、重大（Ⅱ级）、较大（Ⅲ级）和一般（Ⅳ级）。小型水库可根据生命损失、社会影响和经济损失的严重程度划分突发事件级别。

8.2 应急组织体系

应急处置是压倒一切工作的大事，需要动员和调动各部门各方面的力量投入，必要时还要当机立断，做出牺牲局部、保存全局的重要决策。因此，必须建立和健全应急组织体系，明确地方人民政府及相关部门、水库主管部门或业主、水库管理单位、应急指挥机构、抢险队伍、影响区域的地方人民政府及有关单位在应急管理中的主要职责。

1. 地方人民政府

按照分级负责、属地管理的原则，属地人民政府为水库大坝突发事件应急处置的领导机构和责任主体。其职责一般包括：根据水库所处地区、工程等级和重要程度，确定县、乡（镇）、村应急管理指挥的权限责任，确定对应突发事件各职能部门的职责、责任人及联系方式；组织协调指挥职能部门工作。

2. 水行政主管部门

县级水行政主管部门一般是水库大坝安全应急管理的办事机构。其主要职责一般包括：主要领导参加应急指挥机构；协助政府建立应急保障体系；明确相关责任人与联系方式；参与并指导预案的演习；参与预案实施的全过程；参与应急会商；完成应急指挥机构交办的任务。

3. 水库主管部门或业主

明确本单位相关责任人与联系方式；负责预测与预警系统的建立与运行；组织预案的演习；参与预案实施的全过程；参与应急会商；完成应急指挥机构交办的任务等。

4. 水库管理单位

明确本单位相关人员在险情监测与巡视检查、抢险、应急调度、信息报告等工作中的职责与联系方式和对应联系对象；参与预案实施的全过程；参与应急会商；完成应急指挥机构交办的任务等。

5. 应急指挥机构

确定一名地方行政首长作为应急指挥机构的指挥长；明确应急指挥机构成员单位及其职责；明确应急指挥机构成员单位相关责任人及联系方式。

6. 抢险队伍

明确抢险队伍的组成、任务、设备需求以及负责人与联系方式。

若水库影响区域还包括其他地方人民政府及有关单位，也应明确在应急管理中的主要职责。

8.3　应急预案

　　水库大坝安全管理应急预案原则上由水库管理单位及其主管部门组织编制，或根据实际情况，以乡镇或流域为单位组织编制，按管理权限由相应的地方人民政府审批并组织落实。

8.3.1　编制依据和原则

　　1. 编制依据

　　预案编制应依据《中华人民共和国水法》《中华人民共和国防洪法》《水库大坝安全管理条例》《中华人民共和国防汛条例》《国家突发公共事件总体预案》以及《水库大坝安全管理应急预案编制导则（试行）》《水库防洪抢险应急预案编制大纲》等国家有关法律、行政法规，并综合考虑有关技术规范、水库运行特点及管理规章制度等。

　　2. 编制原则

　　(1) 贯彻"以人为本"原则，体现风险管理理念，尽可能避免或减少损失，特别是生命损失，保障公共安全。

　　(2) 按照"分级负责"原则，实行分级管理，明确职责与责任追究制。

　　(3) 强调"预防为主"原则，通过对水库大坝可能突发事件的深入分析，事先制定减少和应对突发公共事件发生的对策。

　　(4) 突出"可操作性"原则，预案以文字和图表形式表达，形成书面文件。

　　(5) 力求"协调一致"原则，预案应和本地区、本部门其他相关预案相协调。

　　(6) 实行"动态管理"原则，预案应根据实际情况变化适时修订，不断补充完善。

8.3.2　主要内容

　　预案编制工作主要包括收集水库现有的基础资料、现场查勘及相应的测量工作、突发事件分析计算、根据突发事件分析结果、现场查勘确定影响范围及其实物指标、报告编制和专家咨询以及技术审查等工作。预案的主要内容包括水库大坝工程概况、突发事件分析、应急组织体系、预案运行机制、应急保障、宣传、培训、演练（习）等，原则上按管理权限由相应的政府审批并组织落实。

8.3.3 宣传、培训及演练

1. 宣传

在突发事件中减少人员伤亡是突发事件处置的最重要目标，涉及公众安全的事件只有公众的良好参与才会收到良好的处置效果，公众参与程度体现了应急管理水平，也是保障预案实施效果的重要条件。为保证预案实施效果，提高公众的参与水平，宣传是重要的，宣传方式可采用广播、电视、报纸、宣传单、专题活动等，宣传内容应结合工程特点、涉及地区情况以及采取的宣传方式等进行准备。

2. 培训

预案培训是有关部门和人员熟练掌握预案内容、提高预案实施能力的重要方法，主要包括部门协调培训、抢险队伍培训、社会公众培训等。组织公众参与培训也是配合对公众宣传，帮助公众了解预案，提高配合应急处置能力的重要手段，使有关单位、群众充分了解安全撤离的信号、路线、流程、时间、地点等。

培训可以采取分级负责的原则，由应急指挥机构统一组织实施。培训工作应做到合理规范课程、考核严格、分类指导，并保证培训工作质量。培训工作应结合实际，采取多种组织形式，定期与不定期相结合，每年汛前要组织一次培训。

3. 演练（习）

演练（习）是检验预案完整性、协调性、科学性、可操作性的最好方法，可以发现预案的不足以帮助改进完善预案。演练（习）也是帮助有关部门和人员、社会公众掌握预案内容，进行必要的磨合，提高预案实施熟练程度的主要手段。演练（习）可借鉴以下方式：

（1）水库管理单位组织所有员工进行一次轮训，并根据生产情况，每年汛前进行模拟演练，分析解决演练中发现的问题，达到持续改进完善预案的目的。

（2）防汛抗旱指挥机构定期举行不同类型的应急演习，以检验、改善和强化应急准备和应急响应能力。

（3）专业抢险队伍必须针对当地易发生的各类险情，有针对性地定期进行应急抢险演习。

（4）多个部门联合进行的专业演习，由应急指挥部负责组织。

（5）演练（习）结束后，要适时比照应急预案和演习方案，对演习的各个环节和总体效果进行评估，及时总结经验教训，不断完善演习方案，使之更加符合实际。

8.3.4　预案运行机制

应急预案运行机制是预案的运转方案，预案平时是一个计划，突发事件处置时是行动指南，预案运转机制是预案的重要组成内容，也是预案由周密计划落实为有效行动的重要保障。主要运行过程包括突发事件的预测与预警、预案启动、应急处置、应急结束、善后处理、调查与评估、信息发布等，重点是应急处置。

1. 险情预测与预警

突发事件防控的关键是防范与处置，"防范为主、防控结合"是突发事件防控的基本原则，预测与预警是水库大坝突发事件的防范措施之一，也是水库大坝突发事件处置的前提要素。小型水库预测及预警应重视以下内容：

（1）强化小型水库巡视检查。建有完备的大坝安全监测设施的小型水库较少，因此，巡视检查是小型水库预测预警措施中的重要方式，工程实践证明，巡视检查的直观判断与经验性分析非常有价值，大量险情或工程事故的首先发现是人工巡视检查获得的。

（2）采用灵活预警方式。按我国目前的水库大坝安全管理要求和基础条件，大型和重要中型水库的预测预警系统设施条件较好，一般能满足突发事件的预测预警要求，而小型水库由于基础设施相对匮乏，绝大多数小型水库尚未建立完备的预测预警系统。因此，发布预警信息的方式应相对灵活实用，既可采用手机、网络、电视、卫星电话等现代化通信手段，也可采用开枪、鸣锣等简易做法，力争在各种条件下能够收到良好效果。

（3）明确预警信息内容。发布预警信息既重要也应慎重，该发布时应果断发布，不需发布时不要轻易发布。预警发布后就会有相应的应急反映，也就有相应的取舍和牺牲，不必要的预警是一种浪费，也会带来一定损害。此外，多次无效预警的发布会降低预警的作用，降低应急预案效力，损害政府和应急机构形象。

（4）调整和解除预警信息。根据事态的发展要及时调整发布预警信息，及时解除预警信息既是预警程序完整性的要求，也是避免和减少预警浪费与损害的要求。

2. 预案启动

预案启动的涉及面较为广泛，因其利用的人力、物力、财力资源较多，预案启动就更为重要，应当明确规定启动条件和启动程序。其中，直接启动反映了启动的快速果断，争取应急处置时间；会商启动反映了决策的科学慎重，避免不必要的浪费和损害。

具体水库在研究确定启动条件和启动程序时，应当针对水库大坝及其可能突发事件的具体情况，进行更详细的分析研究并相应制定具体规定。

3. 应急处置

防范和处置是对待可能突发事件的基本原则。防范可以将突发事件防控在萌芽状态，或降低突发事件发生的可能性，但有些突发事件是难以防范，或虽经努力仍然会发生的，一旦出现突发事件，需在水库突发事件应急指挥机构统一指挥下，组织开展应急处置工作，其工作内容主要为"险情报告、应急调度、应急抢险、应急监测、应急转移、临时安置"等6方面内容。

4. 应急结束

预案中应当规定应急处置工作结束的条件和程序，明确应急结束既是应急程序完整性的要求，也是关系到减少损失、控制危害的重要措施。在突发事件基本得到控制，经过专家认定没有恶化可能，具备相应结束的条件时，应以"谁启动，谁结束"原则结束预案。

5. 善后处理

"有始有终、善始善终"也是处理突发事件的一个原则。采取善后处理措施，是继续防控灾害措施的组成部分，避免灾害影响的扩大，有利于安定人心、维护稳定，也有利于恢复生产生活。善后处理中应当重点关注伤亡人员、心理创伤人员、不能恢复或维持基本生活的弱势群体等。

6. 调查与评估

突发事件发生后必须进行调查，也是《生产安全事故报告和调查处理条例》的要求，调查工作应当由相对独立的机构和人员进行，科学评估事件的起因、过程、性质、影响，总结经验以改进工作，分清责任以吸取教训。调查评估对改进应急管理工作、降低事故风险是必需的，也为改进工程建设与管理技术和提高水库安全管理工作提供帮助。

7. 信息发布

（1）信息发布原则。

1）信息发布应由人民政府指定的机构负责，突发事件的信息发布应及时、准确、客观、全面，并需经应急指挥部门审核。

2）事件发生的第一时间要向社会发布简要信息，随后发布初步核实情况、政府应对措施和公众防范措施等，并根据事件处置情况做好后续发布工作。

（2）信息发布授权。信息发布的授权单位与发言人名单、联系方式由突发事件应急指挥部会同宣传部门确定。

（3）信息发布形式。信息发布形式主要包括授权发布、散发新闻稿、组织报道、接受记者采访、举行新闻发布会等方式。

8.4　应急保障

应急保障是保证应急处置过程对人力、物力和财力的各种需求所做的安排，保障应急处置顺利和有效实施，其中处置前期的通信、交通、救援等保障较为重要，处置中期的治安、医疗、生活等保障也较为突出。

1. 人力资源

地方各级人民政府应组建一支"招之即来，来之能战，战之能胜"应急处置队伍，加强应急救援队伍的业务培训和应急演练，建立联动协调机制，提高装备水平；动员社会力量参与应急救援工作；要加强以乡镇和社区为单位的公众应急能力建设，发挥其在应对突发事件中的重要作用。

2. 财力保障

地方人民政府应保证突发公共事件应急准备和救援工作所需的资金。对受突发公共事件影响较大的行业、企事业单位和个人要及时研究提出相应的补偿或救助政策。

3. 物资保障

地方各级人民政府应根据有关法律、法规和应急预案的规定，做好物资储备工作。建立健全应急物资生产、储备、调拨及紧急配送体系，完善应急工作程序，确保应急所需物资和生活用品的及时供应，并加强对物资储备的监督管理，及时予以补充和更新。

4. 交通运输保障

保证紧急情况下应急交通工具的优先安排、优先调度、优先放行，确保运输安全畅通；要依法建立紧急情况社会交通运输工具的征用程序，确保抢险救灾物资和人员能够及时、安全送达。

根据应急处置需要，对现场及相关通道实行交通管制，开设应急救援"绿色通道"，保证应急救援工作的顺利开展。

5. 通信保障

建立健全应急通信、应急广播电视保障工作体系，完善公用通信网，建立有线和无线相结合、基础电信网络与机动通信系统相配套的应急通信系统，确保通信畅通。

此外，地方人民政府和有关部门还应建立救援、治安、医疗、生活等其他保障措施，确保应急处置有效实施。

附录

附录1 基　础　知　识

一、小型水库的组成部分

小型水库工程，一般由大坝、溢洪道、放水建筑物等部分组成。

大坝是水库工程的主要建筑物，按坝的高度，分为低坝（高30m以下），中坝（高30~70m）、高坝（高70m以上）；按筑坝材料，分为土石坝（当地材料坝）、混凝土坝和浆砌石坝。

溢洪道的功能是宣泄多余的洪水，保证大坝等建筑物的安全。除坝顶泄洪外，一般大坝属非溢流坝（土石坝等）的小型水库，多在水库一侧布置开敞式溢洪道。按进水水流方向分，可分为正流式溢洪道（泄水槽与堰上水流方向一致）和侧式溢洪道（水流经过溢流堰后转过约90°的弯，再在侧槽中向下流）；按溢流是否进行控制，分为开敞式溢洪道和闸门控制溢洪道。一般小型水库多属于开敞式溢洪。

防水设施包括进口及启闭设备、输水洞、出口段等3部分。小型水库输水洞（管）一般为坝下涵洞（管）。

二、水　文　基　础　知　识

1. 降水

从云雾中降落到地面的雨、雪、雹、霜称为降水，其中主要是降雨。降水特性主要包括降雨量、降雨历时、降雨强度等。

降雨量，是指一定时间内落在某一点或某一面积上的降雨深度，以mm为单位。

降雨历时，是指一次降雨所经历的时间，以分钟（min）、小时（h）、日

（d）为单位。

降雨强度，是指单位时间内的降雨量，以 mm/min 或 mm/h 为单位。降雨大小反映了一次降雨的强弱程度，故降雨强度用降雨等级来进行划分，分级见表1。

表1   降 雨 强 度 分 级

等级	12h 降雨量/mm	24h 降雨量/mm	等级	12h 降雨量/mm	24h 降雨量/mm
小雨	0.2～5	＜10	暴雨	30～70	50～100
中雨	5～15	10～25	大暴雨	70～100	100～200
大雨	15～30	25～50	特大暴雨	＞100	＞200

2. 最大降雨量频率

频率是指某一变量（某次降雨量）在样本（众多次降雨量，如50年）中的出现机会（即概率或几率）。将雨量站的"年最大24h雨量"资料按逆序排列，全系列中，等于或大于第 n 大的年最大降雨量的次数（只有 n 次）除以系列总数就是各年最大降雨量的频率，即 $P = n/50 \times 100\%$。

3. 重现期

水库设计中，常用重现期 N 来表示最大降雨量、最大流量出现机会，是指很长时期内平均多少年出现一次。

4. 工程等级和防洪标准

按工程规模、效益和在国民经济中重要性确定等级。再由工程等级确定水利工程建筑物的洪水标准（即建筑物抵御多少年一遇洪水），见表2。

表2   小型水库工程建筑物的防御洪水标准

工程等别	工程规模	总库容/万 m³	永久性建筑物级别	永久性建筑物防洪标准		
				设计重现期/年	校核重现期/年	
					土石坝	混凝土、浆砌石坝
Ⅳ	小（1）型	100～1000	4	30～50	300～1000	200～500
Ⅴ	小（2）型	10～100	5	20～30	200～300	100～200

三、工程特征参数

1. 集水面积

从坝址以上把河流四周的山脊连接起来形成一条闭合曲线，为流域分水线，分水线范围内的流域面积，称为集水面积，单位为 km²。集水面积是水库的重要参数，水库经过多年运行后，发现设计采用的集水面积和实际不符，应进行复核。

2. 水位和库容

水库的水位指水库水面相对于某一基面的高程，单位是 m。全国统一采用"1985 国家高程基准面"。水库的水位是实时变化的，管理人员应按规定进行水位观测。

库容是指水库的容积，单位是万 m³。

3. 水位和库容特征值

死水位和死库容。水库正常运用情况下允许降落的最低水位称死水位，死水位以下的库容为死库容。

兴利水位和兴利库容。兴利水位也称正常蓄水位，为满足设计的兴利要求，如灌溉、供水或发电等在供水期开始时应该蓄到的最高库水位。兴利水位和死水位之间的库容，称为兴利库容。

汛限水位。为了防洪需要，在汛期限制水库蓄水只能蓄到某一高程的库水位，一般情况下，开敞式溢洪道水库的汛限水位就是溢流堰顶高程。

最高洪水位、总库容和调洪库容。按设计洪水进行调洪计算确定的最高洪水位，称为设计洪水位，按校核洪水进行调洪计算确定的最高洪水位，称为校核洪水位。校核洪水位以下至汛限水位之间的库容称为调洪库容，校核洪水位以下库容称为总库容。

水库特征参数示意图见图 1。

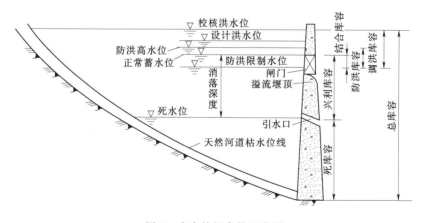

图 1 水库特征参数示意图

附录2 水库管理有关规定和主要文件

小型水库安全管理办法

水安监〔2010〕200 号

第一章 总 则

第一条 为加强小型水库安全管理，确保工程安全运行，保障人民生命财产安全，依据《水法》《防洪法》《安全生产法》和《水库大坝安全管理条例》等法律、法规，制定本办法。

第二条 本办法适用于总库容 10 万 m³ 以上、1000 万 m³ 以下（不含）的小型水库安全管理。

第三条 小型水库安全管理实行地方人民政府行政首长负责制。

第四条 小型水库安全管理责任主体为相应的地方人民政府、水行政主管部门、水库主管部门（或业主）以及水库管理单位。

农村集体经济组织所属小型水库安全的主管部门职责由所在地乡、镇人民政府承担。

第五条 县级水行政主管部门会同有关主管部门对辖区内小型水库安全实施监督，上级水行政主管部门应加强对小型水库安全监督工作的指导。

第六条 小型水库防汛安全管理按照防汛管理有关规定执行，并服从防汛指挥机构的指挥调度。

第七条 小型水库安全管理工作贯彻"安全第一、预防为主、综合治理"的方针，任何单位和个人都有依法保护小型水库安全的义务。

第二章 管 理 责 任

第八条 地方人民政府负责落实本行政区域内小型水库安全行政管理责任人，并明确其职责，协调有关部门做好小型水库安全管理工作，落实管理经费，划定工程管理范围与保护范围，组织重大安全事故应急处置。

第九条 县级以上水行政主管部门负责建立小型水库安全监督管理规章制度，组织实施安全监督检查，负责注册登记资料汇总工作，对管理（管护）人员进行技术指导与安全培训。

第十条 水库主管部门（或业主）负责所属小型水库安全管理，明确水库管理单位或管护人员，制定并落实水库安全管理各项制度，筹措水库管理经费，对所属水库大坝进行注册登记，申请划定工程管理范围与保护范围，督促水库管理单位或管护人员履行职责。

第十一条 水库管理单位或管护人员按照水库管理制度要求，实施水库调度运用，开展水库日常安全管理与工程维护，进行大坝安全巡视检查，报告大坝安全情况。

第十二条 小型水库租赁、承包或从事其他经营活动不得影响水库安全管理工作。租赁、承包后的小型水库安全管理责任仍由原水库主管部门（或业主）承担，水库承租人应协助做好水库安全管理有关工作。

第三章 工 程 设 施

第十三条 小型水库工程建筑物应满足安全运用要求，不满足要求的应依据有关管理办法和技术标准进行改造、加固，或采取限制运用的措施。

第十四条 挡水建筑物顶高程应满足防洪安全及调度运用要求，大坝结构、渗流及抗震安全符合有关规范规定，近坝库岸稳定。

第十五条 泄洪建筑物要满足防洪安全运用要求。对调蓄能力差的小型水库，应设置具有足够泄洪能力的溢洪道或其他泄洪设施，下游泄洪通道应保持畅通。泄洪建筑物的结构及抗震安全应符合有关规范规定，控制设施应满足安全运用要求。

第十六条 放水建筑物的结构及抗震安全应符合有关规范规定。对下游有重要影响的小型水库，放水建筑物应满足紧急情况下降低水库水位的要求。

第十七条 小型水库应有到达枢纽主要建筑物的必要交通条件，配备必要的管理用房。防汛道路应到达坝肩或坝下，道路标准应满足防汛抢险要求。

第十八条 小型水库应配备必要的通信设施，满足汛期报汛或紧急情况下报警的要求。对重要小型水库应具备两种以上的有效通信手段，其他小型水库应具备一种以上的有效通信手段。

第四章 管 理 措 施

第十九条 对重要小型水库，水库主管部门（或业主）应明确水库管理单位；其他小型水库应有专人管理，明确管护人员。小型水库管理（管护）人员应参加水行政主管部门组织的岗位技术培训。

第二十条 小型水库应建立调度运用、巡视检查、维修养护、防汛抢险、闸门操作、技术档案等管理制度并严格执行。

第二十一条 水库主管部门（或业主）应根据水库情况编制调度运用方案，按有关规定报批并严格执行。

第二十二条 水库管理单位或管护人员应按照有关规定开展日常巡视检查，重点检查水库水位、渗流和主要建筑物工况等，做好工程安全检查记录、分析、报告和存档等工作。重要小型水库应设置必要的安全监测设施。

第二十三条 水库主管部门（或业主）应按规定组织所属小型水库工程开展维修养护，对枢纽建筑物、启闭设备及备用电源等加强检查维护，对影响大坝安全的白蚁危害等安全隐患及时进行处理。

第二十四条 水库主管部门（或业主）应按规定组织所属小型水库进行大坝安全鉴定。对存在病险的水库应采取有效措施，限期消除安全隐患，确保水库大坝安全。水行政主管部门应根据水库病险情况决定限制水位运行或空库运行。对符合降等或报废条件的小型水库按规定实施降等或报废。

第二十五条 重要小型水库应建立工程基本情况、建设与改造、运行与维护、检查与观测、安全鉴定、管理制度等技术档案，对存在问题或缺失的资料应查清补齐。其他小型水库应加强技术资料积累与管理。

第五章 应 急 管 理

第二十六条 水库主管部门（或业主）应组织所属小型水库编制大坝安全管理应急预案，报县级以上水行政主管部门备案；大坝安全管理应急预案应与防汛抢险应急预案协调一致。

第二十七条 水库管理单位或管护人员发现大坝险情时应立即报告水库主管部门（或业主）、地方人民政府，并加强观测，及时发出警报。

第二十八条 水库主管部门（或业主）应结合防汛抢险需要，成立应急抢险与救援队伍，储备必要的防汛抢险与应急救援物料器材。

第二十九条 地方人民政府、水行政主管部门、水库主管部门（或业主）应加强对应急预案的宣传，按照应急预案中确定的撤离信号、路线、方式及避难场所，适时组织群众进行撤离演练。

第六章 监 督 检 查

第三十条 县级以上水行政主管部门应会同有关主管部门对小型水库安全责任制、机构人员、工程设施、管理制度、应急预案等落实情况进行监督检查，掌握辖区内小型水库安全总体状况，对存在问题提出整改要求，对重大安全隐患实行挂牌督办，督促水库主管部门（或业主）改进小型水库安全管理。

第三十一条 水库主管部门（或业主）应对存在的安全隐患明确治理责任，落实治理经费，按要求进行整改，限期消除安全隐患。

第三十二条 县级以上水行政主管部门每年应汇总小型水库安全监督检查和隐患整改资料信息，报上级水行政主管部门备案。县级以上水行政主管部门应督促并指导水库主管部门（或业主）加强工程管理范围与保护范围内有关活动的安全管理。

第七章 附 则

第三十三条 本办法自公布之日起施行。

水库降等与报废管理办法（试行）

水利部令第 18 号

第一条 为加强水库安全管理，规范水库降低等别（以下简称降等）与报废工作，根据《中华人民共和国水法》和《水库大坝安全管理条例》，制定本办法。

第二条 本办法适用于总库容在 10 万 m^3 以上（含 10 万 m^3）的已建水库。

第三条 降等是指因水库规模减小或者功能萎缩，将原设计等别降低一个或者一个以上等别运行管理，以保证工程安全和发挥相应效益的措施。报废是指对病险严重且除险加固技术上不可行或者经济上不合理的水库以及功能基本丧失的水库所采取的处置措施。

第四条 县级以上人民政府水行政主管部门按照分级负责的原则对水库降等与报废工作实施监督管理。

水库主管部门（单位）负责所管辖水库的降等与报废工作的组织实施；乡镇人民政府负责农村集体经济组织所管辖水库的降等与报废工作的组织实施。前款规定的水库降等与报废工作的组织实施部门（单位）、乡镇人民政府，统称为水库降等与报废工作组织实施责任单位。

第五条 水库降等与报废，必须经过论证、审批等程序后实施。

第六条 报废的国有水库资产的处理，执行国有资产管理的有关规定。

第七条 符合下列条件之一的水库，应当予以降等：

（一）因规划、设计、施工等原因，实际工程规模达不到《水利水电工程等级划分及洪水标准》（SL 252—2000）规定的原设计等别标准，扩建技术上不可行或者经济上不合理的；

（二）因淤积严重，现有库容低于《水利水电工程等级划分及洪水标准》（SL 252—2000）规定的原设计等别标准，恢复库容技术上不可行或者经济上不合理的；

（三）原设计效益大部分已被其他水利工程代替，且无进一步开发利用价值或者水库功能萎缩已达不到原设计等别规定的；

（四）实际抗御洪水标准不能满足《水利水电工程等级划分及洪水标准》（SL 252—2000）规定或者工程存在严重质量问题，除险加固经济上不合理或者技术上不可行，降等可保证安全和发挥相应效益的；

（五）因征地、移民或者在库区淹没范围内有重要的工矿企业、军事设施、国家重点文物等原因，致使水库自建库以来不能按照原设计标准正常蓄水，且难以解决的；

（六）遭遇洪水、地震等自然灾害或战争等不可抗力造成工程破坏，恢复水库原等别经济上不合理或技术上不可行，降等可保证安全和现阶段实际需要的；

（七）因其他原因需要降等的。

第八条 符合下列条件之一的水库，应当予以报废：

（一）防洪、灌溉、供水、发电、养殖及旅游等效益基本丧失或者被其他工程替代，无进一步开发利用价值的；

（二）库容基本淤满，无经济有效措施恢复的；

（三）建库以来从未蓄水运用，无进一步开发利用价值的；

（四）遭遇洪水、地震等自然灾害或战争等不可抗力，工程严重毁坏，无恢复利用价值的；

（五）库区渗漏严重，功能基本丧失，加固处理技术上不可行或者经济上不合理的；

（六）病险严重，且除险加固技术上不可行或者经济上不合理，降等仍不能保证安全的；

（七）因其他原因需要报废的。

第九条 凡符合本办法第七条、第八条规定，应当予以降等或者报废的水库，由水库降等与报废工作组织实施责任单位根据水库规模委托符合《工程勘察资质分级标准》和《工程设计资质分级标准》（建设部建设〔2001〕22 号）规定的具有相应资质的单位提出水库降等或者报废论证报告。

水库降等论证报告内容应当包括水库的原设计及施工简况、运行现状、运用效益、洪水复核、大坝质量评价、降等理由及依据、实施方案。

水库报废论证报告内容应当包括水库的运行现状、运用效益、洪水复核、大坝质量评价、报废理由及依据、风险评估、环境影响及实施方案。

小型水库，根据其潜在的危险程度，参照本条第二款、第三款规定确定论证内容，可以适当从简。

第十条 水库降等或者报废论证报告完成后，需要降等或者报废的，水库降等与报废工作组织实施责任单位应当逐级向有审批权限的机关提出申请。申请材料包括：

（一）降等或者报废申请书；

（二）降等或者报废论证报告；

（三）报废水库的资产核定材料；

（四）其他有关材料。

第十一条 水行政主管部门及农村集体经济组织管辖的水库降等，由水行政主管部门或者流域机构按照以下规定权限审批，并报水库原审批部门备案：

（一）跨省际边界或者对大江大河防洪安全起重要作用的大（1）型水库，由国务院水行政主管部门审批；

（二）对大江大河防洪安全起重要作用的大（2）型水库和跨省际边界的其他水库，由流域机构审批；

（三）除第（一）项、第（二）项以外的大型和中型水库由省级水行政主管部门审批；

（四）上述规定以外的小（1）型水库由市（地）级水行政主管部门审批，小（2）型水库由县级水行政主管部门审批；

（五）在一个省（自治区、直辖市）范围内的跨行政区域的水库降等报共同的上一级水行政主管部门审批。

水库报废按照同等规模新建工程基建审批权限审批。

其他部门（单位）管辖的水库降等与报废，审批权限按照该部门（单位）的有关规定执行。审批结果应当及时报同级水行政主管部门及防汛抗旱指挥机构备案。

第十二条 审批机关应当组织或委托有关单位组成由计划、财政、水行政等有关部门（单位）代表及相关专家参加的专家组，对水库降等或者报废论证报告进行审查，并在自接到降等或者报废申请后三个月内予以批复。

第十三条 水库降等与报废工作组织实施责任单位应当根据批复意见，及时组织实施水库降等或者报废的有关工作。

第十四条 水库降等的组织实施包括以下措施：

（一）必要的加固措施；

（二）相应运行调度方案的制定；

（三）富余职工安置；

（四）资料整编和归档；

（五）批复意见确定的其他措施。

第十五条 水库报废的组织实施包括以下措施：

（一）安全行洪措施的落实；

（二）资产以及与水库有关的债权、债务合同、协议的处置；

（三）职工安置；

（四）资料整编和归档；

（五）批复意见确定的其他措施。

第十六条 水库报废的组织实施责任单位应当妥善安置原水库管理人员，库区和管理范围内的设施、土地的开发利用要优先用于原水库管理人员的安置。

第十七条 水库降等与报废工作所需经费，由水库降等与报废工作组织实施责任单位负责筹措。

第十八条 水库降等与报废实施方案实施后，由水库降等与报废工作组织实施责任单位提出申请，审批部门组织验收。

第十九条 水库降等与报废工作经验收后，应当按照《水库大坝注册登记办法》的有关规定，办理变更或者注销手续。

第二十条 对应当予以降等和报废的水库不及时降等和报废以及违反本办法规定进行降等、报废的，由县级以上人民政府水行政主管部门或者流域机构责令相关责任单位限期改正；造成安全事故等严重后果的，对负有责任的主管人员和其他直接责任人员给予行政处分；构成犯罪的，依法追究刑事责任。

第二十一条 各省、自治区、直辖市人民政府水行政主管部门可以根据本办法制定实施细则。

第二十二条 本办法由水利部负责解释。

第二十三条 本办法自 2003 年 7 月 1 日起施行。

水利工程管理考核办法[*]

第一条　为加强水利工程管理，科学评价工程管理水平，保障工程安全，充分发挥工程效益，根据《中华人民共和国水法》《中华人民共和国防洪法》《中华人民共和国河道管理条例》《水库大坝安全管理条例》等法律、法规和有关规定，制定本办法。

第二条　本办法适用于大中型水库、水闸，七大江河干流、流域管理机构所属和省级管理的河道堤防、湖泊、海岸以及其他河道三级以上堤防等工程，其他水库、水闸、河道堤防等工程参照执行。

第三条　水利工程管理考核的对象是水利工程管理单位（指直接管理水利工程，在财务上实行独立核算的单位，以下简称水管单位），重点考核水利工程的管理工作，包括组织管理、安全管理、运行管理和经济管理四类。

第四条　水利工程管理考核工作按照分级负责的原则进行。水利部负责全国水利工程管理考核工作。县级以上地方各级水行政主管部门负责所管辖的水利工程管理考核工作。流域管理机构负责所属水利工程管理考核工作；部直管水利工程管理考核工作由水利部负责。

第五条　水利工程管理考核，按河道、水库、水闸等工程类别分别执行相应的考核标准。

第六条　水利工程管理考核实行千分制。水管单位和各级水行政主管部门依据水利部制订的考核标准对水管单位管理状况进行考核赋分。

第七条　水利工程管理考核分水管单位自检和各级水行政主管部门考核验收两个阶段。考核结果达到水利部验收要求的，可自愿申报水利部验收。

第八条　通过水利部验收，考核结果总分应达到920分（含）以上，且其中各类考核得分均不低于该类总分的85％。通过省级及其以下考核验收，考核结果由各级水行政主管部门确定。

第九条　水管单位应加强日常管理，根据考核标准每年进行自检，并将自检结果报上一级水行政主管部门。上一级水行政主管部门应及时组织考核，并将考核结果反馈水管单位，水管单位应采取相应措施，加强整改，努力提高管理水平。

---

　[*]　本办法为《关于印发〈水利工程管理考核办法〉及其考核标准的通知》（水建管〔2008〕187号）的附件。

第十条　申报水利部验收的，需具备以下条件：

1. 完成水管体制改革并通过验收。

2. 水库、水闸工程按照《水库大坝注册登记办法》和《水闸注册登记管理办法》的要求进行注册登记。

3. 水库、水闸工程按照《水库大坝安全鉴定办法》和《水闸安全鉴定规定》的要求进行安全鉴定，鉴定结果达到一类标准或经过除险加固达到一类标准。

河道堤防工程（包括湖堤、海堤）达到设计标准。

4. 新建工程竣工验收后运行 3 年以上；除险加固、更新改造工程完成竣工验收，且主体工程竣工验收后运行 3 年以上。

第十一条　申报水利部验收的水管单位，将考核结果逐级报至省级水行政主管部门。流域管理机构所属水管单位，将考核结果逐级报至流域管理机构；部直管水管单位自检后，将考核结果报水利部。

第十二条　省级水行政主管部门负责本行政区域内申报水利部验收的水管单位的初验、申报工作。对自检、考核结果符合水利部验收标准的组织初验；初验符合水利部验收标准的，向水利部申报验收批准，并抄送流域管理机构。

流域管理机构负责所属工程申报水利部验收的水管单位的初验、申报工作。对自检、考核结果符合水利部验收标准的组织初验；初验符合水利部验收标准的，向水利部申报验收批准。部直管工程自检结果符合水利部验收标准的，由水利部直接组织考核和验收。

第十三条　申报水利部验收的水管单位，由水利部或其委托的有关单位组织验收。

第十四条　水利部建立水管单位考核验收专家库，水利部验收专家组从专家库抽取验收专家的人数不得少于验收专家组成员的 2/3；被验收单位所在省（自治区、直辖市）或流域管理机构的验收专家不得超过验收专家组成员的 1/3。

第十五条　通过水利部验收的水管单位，由水利部通报。各级水行政主管部门及流域管理机构可对通过水利部验收的水管单位给予奖励，具体奖励办法自行制定。

第十六条　通过水利部验收的水管单位，由流域管理机构每 3 年组织一次复核，水利部进行不定期抽查；部直管工程和流域管理机构所属工程由水利部组织复核。对复核或抽查结果，水利部予以通报。

第十七条　省级水行政主管部门可根据本办法制订本地区的考核实施细则。

第十八条　本办法由水利部负责解释。

第十九条　本办法自发布之日起施行。水利部发布的《水利工程管理考核办法（试行）》及其考核标准（水建管〔2003〕208 号）同时废止。

关于加强中小型水库除险加固后初期蓄水管理的通知

水建管〔2013〕138 号

2013 年 2 月，个别地方因违规蓄水先后发生中小型水库溃口事故，暴露出病险水库除险加固后初期蓄水管理中的突出问题。为进一步规范中小型水库除险加固后初期蓄水管理，确保水库安全运行，现提出如下要求。

一、切实加强组织领导

水利部关于加强中小型水库除险加固后初期蓄水管理的通知各省（自治区、直辖市）水行政主管部门要高度重视，强化领导，切实加强本行政区域内中小型水库除险加固后初期蓄水的指导和监督检查。各县级水行政主管部门要具体组织和监督管理辖区内中小型水库初期蓄水工作。水库主管部门或单位要认真做好中小型水库除险加固后初期蓄水方案的组织制定和监督实施。水库管理单位或管护人员要认真做好中小型水库除险加固后的初期蓄水工作，切实加强安全监测和巡查观测，确保水库安全运行。

二、明 确 初 期 蓄 水 条 件

水库除险加固后进行初期蓄水，应满足如下基本条件：

（一）挡水、泄水、引水建筑物和基础处理等影响工程安全的建设内容已按批准的设计要求建设完成，主体工程所有单位工程（或分部工程）验收合格满足蓄水要求，具备投入正常运行条件；

（二）有关监测、观测设施已按设计要求基本完成安装和调试；

（三）可能影响蓄水后安全运行的问题已基本处理完毕；

（四）水库初期蓄水方案、工程运行调度方案、度汛方案已编制完成，并经有管辖权的水行政主管部门批准；

（五）水库安全运行管理规章制度已建立，运行管护主体、人员已落实，大坝安全管理应急预案已报批；

（六）除险加固项目通过投入使用验收或竣工验收。

凡不满足蓄水基本条件的水库，一律不得擅自蓄水。

三、有 序 进 行 初 期 蓄 水

在水库除险加固后进行投入使用验收前，水库主管部门或单位应督促项目法人组织设计等单位以确保安全蓄水为原则，根据除险加固内容、运行条件等情况，编制初期蓄水方案，并报请有管辖权的水行政主管部门审查批准。批准

后的初期蓄水方案由水库管理单位或管护人员具体实施，水库主管部门或单位负责监督。初期蓄水方案应明确初期蓄水期限，如需分阶段逐步蓄水，应进一步明确阶段蓄水历时、阶段蓄水控制水位、阶段继续蓄水的条件等。同时，要做好安全监测和巡查观测的具体安排，制定应急抢险措施等。任何单位和个人不得擅自采取抬高溢洪道底坎高程等措施超标准蓄水。

四、强化安全监测与巡查观测

所有水库必须设置必要的大坝安全监测和观测设施，落实大坝监测和观测人员。水库除险加固后初期蓄水期应加密安全监测和巡查观测的频次，突出穿（跨）坝建筑物、软硬结合部、溢洪道、大坝前后坡面、坝坡脚、启闭设备等关键部位的巡查，并做好监测和巡查观测记录，进行必要的资料分析。水库主管部门或单位、水库管理单位或管护人员要加强初期蓄水期的安全值守工作，对高水位等重要蓄水时段要实行 24 小时不间断值守。

五、落实各项保障措施

所有水库必须落实大坝安全管理政府行政责任、主管部门或单位技术责任和管理单位或管护人员管护责任，并明确具体责任人。要进一步明确管理主体和管护人员，保证每座水库要有专门的管护人员。水库主管部门或单位应根据水库大坝安全管理应急预案，建立突发事件报告和预警制度，备足必要的抢险物料和设备，并组织管理单位或管理人员演练。要建立并严格实行责任追究制度，对责任不落实、措施不到位、不按规定蓄水、问题整改不力等情况，应予以严肃处理。造成严重后果涉嫌犯罪的，应依法移送司法机关。

关于深化小型水利工程管理体制改革的指导意见

水建管〔2013〕169 号

　　近年来，各地对小型水利工程管理体制改革进行了有益的探索，取得了一定的进展。但小型水利工程管理仍存在管护主体缺失、管护责任难以有效落实等问题，严重影响了工程安全运行和效益充分发挥。为加强小型水利工程管理，根据《中共中央　国务院关于加快水利改革发展的决定》（中发〔2011〕1号，以下简称 2011 年中央 1 号文件）的要求，现就深化小型水利工程管理体制改革，提出如下意见。

一、指导思想、原则和目标

　　（一）指导思想。以科学发展观为指导，全面贯彻落实 2011 年中央 1 号文件和中央水利工作会议精神，明晰工程产权，落实管护主体和责任，对公益性小型水利工程管护经费给予补助，探索社会化和专业化的多种水利工程管理模式，建立健全科学的管理体制和良性运行机制，确保工程安全运行和效益充分发挥。

　　（二）基本原则。一是权责一致。明晰所有权，界定管理权，明确使用权，搞活经营权，落实管护主体和责任。二是政府主导。强化政府责任，加强组织领导，调动各方积极性，综合推进改革。三是突出重点。重点解决管护主体、管护责任和管护经费等问题。四是因地制宜。结合本地实际情况推进改革，不搞"一刀切"；积极探索社会化和专业化的多种工程管理模式，明晰产权，注重发挥工程效益；已完成改革任务且工程效益发挥正常的，原则上不作调整。

　　（三）改革目标。到 2020 年，基本扭转小型水利工程管理体制机制不健全的局面，建立适应我国国情、水情与农村经济社会发展要求的小型水利工程管理体制和良性运行机制：

　　（1）建立产权明晰、责任明确的工程管理体制；

　　（2）建立社会化、专业化的多种工程管护模式；

　　（3）建立制度健全、管护规范的工程运行机制；

　　（4）建立稳定可靠、使用高效的工程管护经费保障机制；

　　（5）建立奖惩分明、科学考核的工程管理监督机制。

二、改　革　范　围

　　（四）明确改革范围。改革范围为县级及以下管理的小型水利工程，主要包括：

（1）小型水库，即总库容 100 万～1000 万 m³（不含）的小（1）型水库和总库容 10 万～100 万 m³（不含）的小（2）型水库；

（2）中小河流及其堤防，包括流域面积小于 3000km² 的河流及其上兴建的防洪标准小于 50 年一遇的 3 级以下堤防，防潮（洪）标准小于 20 年一遇的海堤及沿堤涵闸；

（3）小型水闸，即最大过闸流量 20～100m³/s（不含）的小（1）型水闸和最大过闸流量小于 20m³/s 的小（2）型水闸；

（4）小型农田水利工程及设备，包括控制灌溉面积 1 万亩、除涝面积 3 万亩以下的农田水利工程，大中型灌区末级渠系及量测水设施等配套建筑物，喷灌、微灌设施及其输水管道和首部，塘坝、堰闸、机井、水池（窖、柜）及装机功率小于 1000kW 的泵站等；

（5）农村饮水安全工程，包括日供水规模 200～1000m³（不含）的Ⅳ型集中式供水工程和日供水规模小于 200m³（不含）的Ⅴ型集中式供水工程，分散式供水工程；

（6）淤地坝，包括库容 50 万～500 万 m³（不含）的大型淤地坝、库容 10 万～50 万 m³（不含）的中型淤地坝和库容 1 万～10 万 m³（不含）的小型淤地坝；

（7）小型水电站，包括单站装机容量 5 万 kW 及以下的水电站。

单一农户自建自用的小型水利工程，不纳入此次改革范围。

三、主 要 内 容

（五）明晰工程产权。按照"谁投资、谁所有、谁受益、谁负担"的原则，结合基层水利服务体系建设、农业水价综合改革的要求，落实小型水利工程产权。个人投资兴建的工程，产权归个人所有；社会资本投资兴建的工程，产权归投资者所有，或按投资者意愿确定产权归属；受益户共同出资兴建的工程，产权归受益户共同所有；以农村集体经济组织投入为主的工程，产权归农村集体经济组织所有；以国家投资为主兴建的工程，产权归国家、农村集体经济组织或农民用水合作组织所有，具体由当地人民政府或其授权的部门根据国家有关规定确定。产权归属已明晰的工程，维持现有产权归属关系。县级人民政府或其授权的部门负责工程产权界定工作，向明晰产权的工程所有者颁发产权证书，载明工程功能、管理与保护范围、产权所有者及其权利与义务、有效期等基本信息。

（六）落实工程管护主体和责任。工程产权所有者是工程的管护主体，应当健全管护制度，落实管护责任，确保工程正常运行。涉及公共安全的小型水利工程要明确安全责任主体，落实工程安全责任。

县级水利部门和基层水利服务机构要加强对小型水利工程管理与运行维护的监管和技术指导，督促工程产权所有者切实履行管理责任，保障工程安全长效运行。

（七）落实工程管护经费。多渠道筹集工程管护经费，建立稳定的管护经费保障机制。管护经费原则上由工程产权所有者负责筹集，财政适当给予补助。积极研究制定优惠政策，鼓励和动员社会各方面力量支持小型水利工程管护。完善"民办公助"、"一事一议"等机制，引导农民群众参与小型水利工程管护。

中央财政通过现行政策和资金渠道，对中西部地区、贫困地区县级管理的国有公益性工程维修养护经费给予补助。地方财政可通过公共财政预算、政府性基金以及其他水利规费收入，安排小型水利工程维修养护经费。按照规定的比例和范围，安排部分从土地出让收益中计提的农田水利建设资金支持小型农田水利工程管护。建立财政补助经费奖补机制，按照"奖优罚劣"的原则，根据管护实效进行补助，具体补助标准与方式，由各地因地制宜确定。

（八）探索工程管理模式。针对不同类型工程特点，因地制宜采取专业化集中管理及社会化管理等多种管护方式。各地应切实加强基层水利服务体系建设，健全完善基层水利服务机构，可结合实际成立专业化维修养护队伍，组建农民用水合作组织，开展集约化的维修养护服务。在确保工程安全、公益属性和生态保护的前提下，鼓励采取承包、租赁、拍卖、股份合作和委托管理等方式，实施小型水利工程的运行管理，搞活经营权，并服从防汛指挥调度、非常情况下的水资源调度。实行承包、租赁、拍卖、股份合作和委托等方式管理的，要签订有效的运行管理合同，明确工程管护主体、管护责任、管护范围，以及相应的奖补政策、违约责任等。

（九）加强业务指导和行业监督。各级水利部门应加强业务指导，有计划地组织技术培训，不断提高管护人员素质，增强基层工程管理单位、农村集体经济组织和农民用水合作组织等的管护能力。县级水行政主管部门要强化对小型水利工程的行业监督，有效防止水资源浪费和掠夺式经营。

四、保 障 措 施

（十）加强领导，精心组织。各地要高度重视，加强组织领导，落实工作责任，把改革列入重要议事日程，纳入年度目标考核内容，根据当地实际情况，制定切实可行、针对性强、可操作的改革实施方案，明确改革的范围、目标、原则、年度计划、工作流程、组织方式以及相关职责划分等。各级水利、财政部门要建立有效的工作机制，加强指导，精心组织，全力推进。

（十一）规范考核，强化监管。建立监督考核机制，实行分级考核，考核结果作为安排补助经费的重要依据。水利部、财政部以省级为单元，对改革情况进行考核；省级水利、财政部门以县级为单元进行考核；县级水利、财政部门对辖区内的工程管理单位进行监督考核，确保财政补助经费落实到工程、专款专用。同时完善相关公示制度，提高民主参与和监督水平。

（十二）试点先行，分类推进。小型水利工程管理体制改革涉及面广、情况复杂、政策性强、任务艰巨，各地要先行试点、典型引路、分类实施、全面推进。各地根据不同区域、不同工程类型，可选取一些县（市）开展试点，加强指导和扶持。

关于加强小型病险水库除险加固项目验收管理的指导意见

水建管〔2013〕178 号

为加强小型病险水库除险加固项目（以下简称小型除险加固项目）验收管理，明确验收责任，规范验收行为，保证验收工作质量，根据小型除险加固项目管理有关规定，参照《水利工程建设项目验收管理规定》（水利部令第 30号）和《水利水电建设工程验收规程》（SL 223—2008），结合小型除险加固项目特点，制定本指导意见。

一、总　则

（一）小型除险加固项目验收分为法人验收和政府验收，法人验收包括分部工程验收和单位工程验收，政府验收包括蓄水验收（或主体工程完工验收，下同）和竣工验收。

（二）小型除险加固项目具备验收条件时，应当及时组织验收。未经验收或者验收不合格的，不得投入使用或者进行后续工程施工。

（三）小型除险加固项目验收的依据是国家有关法律、法规、规章和技术标准，有关主管部门的规定，大坝安全鉴定（安全评价）成果及核查意见（报告），经批准的初步设计文件、调整概算文件、设计变更文件，施工图纸及技术说明，设备技术说明书，施工合同等。

（四）省级人民政府水行政主管部门负责本行政区域内小型除险加固项目验收的组织和监督管理工作。市（地）级、县级人民政府水行政主管部门负责本行政区域内小型除险加固项目的法人验收监督管理工作。

二、关于法人验收

（五）法人验收由项目法人主持，项目法人可以委托监理单位主持分部工程验收，涉及坝体与坝基防渗、设置在软基上的溢洪道、坝下埋涵等关键部位（以下简称"关键部位"）的分部工程验收应由项目法人主持。

（六）法人验收程序主要包括施工单位提出验收申请、项目法人（或监理单位）主持召开验收会议、项目法人将验收质量结论报质量监督机构核备或核定、项目法人印发验收鉴定书。

（七）法人验收应成立验收工作组。工作组由项目法人、勘测设计、监理、施工、设备制造（供应）等单位的代表组成。对于分部工程验收，质量监督机构宜派员列席涉及关键部位的验收会议。对于单位工程验收，运行管理单位应参加验收会议，质量监督机构应派员列席验收会议。

（八）分部工程验收应具备的条件为该分部工程已完建，施工质量经评定全部合格，有关质量缺陷已处理完毕或有监理机构批准的处理意见以及满足合同约定的其他条件。

（九）分部工程验收主要内容包括：现场检查工程完成情况和工程质量；检查工程是否满足设计要求或合同约定；检查单元工程质量评定及相关档案资料；评定工程施工质量；对验收中发现的问题提出处理意见；讨论并通过分部工程验收鉴定书。

（十）对于分部工程验收中涉及的关键部位，验收工作组应对其设计、施工、监理及质量检验评定等相关资料进行重点检查，对于存在关键资料缺失、造假等影响到工程质量和安全准确评价的不予通过验收。

（十一）单位工程验收应具备的条件为该单位工程中所有分部工程已完建并验收合格；分部工程验收遗留问题已基本处理完毕，未处理的遗留问题不影响单位工程质量评定并有处理意见；合同约定的其他条件。

（十二）单位工程验收主要内容包括：现场检查工程完成情况和工程质量；检查工程是否按批准的设计内容完成；检查分部工程验收有关文件及相关档案资料；评定工程施工质量；检查分部工程验收遗留问题处理情况及相关记录；对验收中发现的问题提出处理意见；讨论并通过单位工程验收鉴定书。

（十三）项目法人应在法人验收通过之日起 10 个工作日内，将验收质量结论报质量监督机构核备（定）。质量监督机构应在收到核备（定）材料之日起 20 个工作日内完成核备（定）并反馈项目法人。

（十四）项目法人应当自法人验收通过之日起 30 个工作日内，制作法人验收鉴定书，发送参加验收单位并报送法人验收监督管理机关备案。

（十五）法人验收监督管理机关应加强对法人验收的监督管理，对法人验收工作情况组织检查，当发现验收工作中存在问题时，应及时要求项目法人予以纠正，必要时可要求暂停验收或重新验收。

三、关于政府验收

（十六）小型除险加固项目竣工验收由省级人民政府水行政主管部门会同财政部门或由其委托市（地）级水行政主管部门会同财政部门主持，蓄水验收由省级人民政府水行政主管部门或由其委托市（地）级水行政主管部门主持，具体验收方案由省级人民政府水行政主管部门确定。

（十七）政府验收程序主要包括项目法人提出验收申请、验收主持单位召开验收会议、印发验收鉴定书等。验收会议程序主要包括现场检查工程建设情况、查阅有关资料、听取有关工作报告、讨论并通过验收鉴定书等。

（十八）政府验收主持单位应成立验收委员会进行验收。验收委员会由验收主持单位、有关地方人民政府和相关部门、水库主管部门、质量和安全监督机构、运行管理等单位的代表以及相关专业的专家组成。项目法人、勘测设计、监理、施工和设备制造（供应）等单位应派代表参加验收会议，解答验收委员会提出的有关问题，并作为被验收单位代表在验收鉴定书上签字。

（十九）政府验收鉴定书通过之日起 30 个工作日内，应由验收主持单位发送有关单位。市（地）级人民政府水行政主管部门主持的政府验收，验收鉴定书应报省级人民政府水行政主管部门核备。

（二十）主体工程完工后，水库蓄水运用前，应进行蓄水验收，通过验收后方可投入蓄水运用。

（二十一）蓄水验收应具备以下条件：

1. 挡水、泄水、引水建筑物和基础处理等影响工程安全的建设内容已按批准的设计建设完成。

2. 主体工程所有单位工程验收合格，满足蓄水要求，具备投入正常运行条件。

3. 有关监测、观测设施已按设计要求基本完成安装和调试。

4. 可能影响蓄水后工程安全运行的问题和历次验收发现的问题，已基本处理完毕。

5. 未完工程和遗留问题已明确处理方案。

6. 工程初期蓄水方案、运行调度规程（方案）、度汛方案已编制完成，并经有管辖权的水行政主管部门批准。

7. 水库安全管理规章制度已建立，运行管护主体、人员已落实，大坝安全管理应急预案已报批。

8. 验收资料已准备就绪。

9. 验收主持单位认定的其他条件。

（二十二）蓄水验收应包括以下主要内容：

1. 检查工程设计内容是否涵盖大坝安全鉴定（安全评价）成果及核查意见（报告）提出的病险问题，如有调整是否经过分析论证。

2. 检查挡水、泄水、引水建筑物和基础处理等影响工程安全的建设内容是否已按批准设计完成。

3. 检查工程是否存在质量隐患和影响工程安全运行的问题。

4. 检查工程是否满足蓄水要求，是否具备正常运行条件。

5. 鉴定工程施工质量。

6. 检查工程的初期蓄水方案、运行调度规程（方案）、度汛方案、大坝安全管理应急预案落实情况。

7. 检查运行管护主体、人员落实情况。

8. 对验收中发现的问题提出处理意见。

9. 确定未完工程清单及完工期限和责任单位等。

10. 讨论并通过蓄水验收鉴定书。

（二十三）小（1）型病险水库蓄水验收前，验收主持单位应组织专家组进行技术预验收，专家组构成应基本涵盖除险加固涉及的主要专业。

专家组应现场检查工程建设情况，查阅有关建设资料，听取项目法人、设计、施工、监理等有关单位汇报，对照蓄水验收条件和验收内容对工程逐项进行检查和评价，对工程关键部位进行重点检查，提交技术预验收工作报告，提出能否进行蓄水验收的建议。

专家组成员应在技术预验收工作报告上签字，对技术预验收结论持有异议的，应将保留意见在技术预验收工作报告上明确记载并签字。

（二十四）小（2）型病险水库蓄水验收应邀请相关专业专家参加验收委员会，验收委员会应安排验收专家查阅设计、施工、监理及质量安全评价资料，检查工程现场，验收专家应重点就工程建设内容、质量和安全等问题进行评价，提出验收意见并在验收鉴定书上签字。

（二十五）小型除险加固项目通过蓄水验收后，项目法人应抓紧未完工程建设，做好竣工验收的各项准备工作。

（二十六）竣工验收应在小型除险加固项目全部完成并经过一个汛期运用考验后的 6 个月内进行。

（二十七）项目法人编制完成竣工财务决算后，应报送竣工验收主持单位的财务部门进行审查和审计部门进行竣工审计。对竣工审计意见中提出的问题，项目法人应进行整改并提交整改报告。

（二十八）根据项目实际情况，需要进行专项验收的，应按照有关规定进行。

（二十九）竣工验收主持单位可以根据竣工验收工作需要，委托具有相应资质的工程质量检测单位对工程质量进行抽样检测。

（三十）竣工验收应具备以下条件：

1. 工程已按批准设计的内容建设完成，并已投入运行。

2. 工程重大设计变更已经有审批权的单位批准，一般设计变更已履行有关程序，并出具了相应文件。

3. 工程投资已基本到位，竣工财务决算已完成并通过竣工审计，审计提出的问题已整改并提交了整改报告。

4. 蓄水验收已完成，历次验收和工程运行期间发现的问题已基本处理完毕，遗留问题已明确处理方案。

5. 归档资料符合工程档案管理的有关规定。

6. 工程质量和安全监督报告已提交，工程质量达到合格标准。

7. 程运行管理措施已落实。

8. 验收资料已准备就绪。

（三十一）竣工验收应包括以下主要内容：

1. 检查工程是否按批准的设计完成，设计变更是否履行有关程序。

2. 检查工程是否存在质量隐患和影响工程安全运行的问题。

3. 检查历次验收遗留问题和在工程运行中所发现问题的处理情况，检查工程尾工安排情况。

4. 鉴定工程质量是否合格。

5. 检查工程投资、财务管理情况及竣工审计整改落实情况。

6. 检查工程档案管理情况。

7. 检查工程初期蓄水方案、运行调度规程（方案）、度汛方案、大坝安全管理应急预案以及工程管理机构、人员、经费、管理制度等运行管理条件的落实情况。

8. 研究验收中发现的问题，提出处理意见。

9. 讨论并通过竣工验收鉴定书。

（三十二）项目法人和其他有关单位应当按照竣工验收鉴定书的要求妥善处理竣工验收遗留问题，完成工程尾工。验收遗留问题处理完毕和尾工完成并通过验收后，项目法人应当将处理情况和验收成果及时报送竣工验收主持单位。

（三十三）项目法人与工程运行管理单位不是同一单位的，工程竣工验收鉴定书印发后 60 个工作日内应完成工程移交手续。

四、其　他　事　项

（三十四）项目法人、设计、施工、监理等有关单位对提交的验收资料负责，验收委员会（工作组）、技术预验收专家组对所提出的验收结论负责。

（三十五）小型除险加固项目验收、质量检测所需费用列入工程投资，由项目法人列支。

（三十六）本指导意见未规定之处，可参照《水利工程建设项目验收管理规定》（水利部令第 30 号）和《水利水电建设工程验收规程》（SL 223—2008）的有关规定执行。

进一步加强小型病险水库除险加固工程
初步设计工作的技术要求 *

为加强小型病险水库除险加固工程初步设计工作，切实提高设计水平，保障项目前期工作质量，现进一步提出如下技术要求。

一、总 体 要 求

（一）各相关单位应根据水利部《重点小型病险水库除险加固工程初步设计指导意见》（水总〔2008〕428号）和财政部、水利部《小（2）型病险水库除险加固工程初步设计指导意见》（办规计〔2011〕206号）以及相关规程规范要求，认真组织编制病险水库除险加固工程初步设计。

（二）应切实加强设计质量管理，充分论证除险加固设计方案，重点明确挡水建筑物、泄水建筑物、输水建筑物以及坝基、坝肩、新老结构连接等关键部位的处理措施和有关施工技术要求，保证设计深度和精度。

（三）应以大坝安全鉴定核查意见为依据，在开展必要的工程调查和地质勘察等工作的基础上，进一步复核水库病险问题，相应提出具体处理措施。复核成果与安全鉴定成果存在差异时，对新增或减少的建设内容应加以说明，并论证其必要性；复核成果如影响"三类坝"结论时，应按相关程序重新组织开展水库安全鉴定。

二、工程调查及地质勘察技术要求

（一）应详细了解水库建设和运行过程中发生过的险情、采取的措施和效果，认真分析安全监测资料，有针对性地开展现场调查、勘测、试验工作；对相关基础数据进行复核，特别注意原试验资料、设计参数等与现行标准是否符合，以保证初步设计成果科学、可靠。

（二）应认真搜集水文基本资料和工程原设计成果，充分考虑水库建成后上、下游水文条件的变化情况，复核水库大坝安全评价时采用的水文成果，提出设计洪水成果。

（三）对有险情和隐患的部位，应加强工程地质分析，必要时补充测绘和地质勘察；应查明坝体、坝基和坝肩发生渗漏的部位和范围，分析其渗漏

---

　　* 本要求为《关于进一步加强小型病险水库除险加固工程前期工作的通知》（水规计〔2013〕202号）的附件。

性质，判定是否存在渗透破坏；土石坝坝体质量的检测应分类进行，并结合实际进行工程类比分析，提出坝体土物理力学参数和渗透系数的建议值；新建或改扩建的溢洪道、埋涵、隧洞等建筑物地基应按新建工程开展工程地质勘察。

三、挡水建筑物除险加固设计技术要求

（一）应充分考虑库岸地形地质条件和水库淤积现状情况，复核水库特征水位、坝顶高程和坝顶结构型式，原则上不改变水库原设计正常蓄水位，确需改变时需进行充分论证。

（二）应对坝体稳定进行复核，现状坝坡稳定不满足规范要求时，要根据坝型、坝高、建材、占地、地形条件等因素，综合分析放缓边坡、上下游培厚等方案，合理确定大坝边坡加固型式。

（三）应重视坝体渗流稳定分析计算，复核各工况下的坝体和坝基的渗漏量、渗透稳定性及坝下游逸出段的渗透稳定，同时对建筑物接触部位实际渗流情况进行调查分析。根据复核和调查分析成果，论证采取渗控措施的必要性，通过方案比较，确定渗控措施和范围。

四、溢洪道除险加固设计技术要求

（一）应根据设计洪水成果对溢洪道泄流能力进行复核，当泄流能力不能满足要求时，应进行溢洪道扩建或新建和大坝加高方案比较。一般情况下不宜采用大坝加高方案。

（二）改扩建溢洪道应结合地形地质条件进行扩宽、加深方案的比选，尽量避免大范围扩挖坝体和山体。

（三）对于布置在土基上的溢洪道，应复核控制段抗滑稳定和地基承载力，做好控制段和泄槽段防渗排水和防护设计；泄流出口应设置可靠的消能设施，同时不宜距坝脚过近，避免水流冲刷或回流淘刷坝脚，必要时应采取防护措施。对于布置在坝头的溢洪道，结构设计应重点复核溢洪道和土坝之间的隔墙稳定、上游坝坡防护及出口消能措施。

（四）应根据地质和运行条件对溢洪道边坡稳定进行复核分析，必要时采取支护等措施。

（五）跨越溢洪道顶部的交叉建筑物，应满足行洪净空要求。

五、输水建筑物除险加固设计技术要求

（一）应重视现场检查和历史险情调查，对坝下涵洞（管）出口附近出现渗水、浸水，涵洞（管）发生裂缝或断裂、不均匀沉陷等问题，应深入分析原

因，查明涵洞（管）本身破坏情况及周围填土质量，结合涵洞（管）运用要求，论证除险加固设计方案。

（二）当涵洞（管）断裂损坏严重，涵管直径较小，无法进行有效处理时，应封堵重建。新建涵洞（管）应尽量建在两岸山体内，条件不具备时，宜坐落在稳定的岩基或原状土上，并复核地基承载力。对旧涵洞（管）进行封堵时，上游进口段应采取混凝土封堵，并应对涵洞（管）与坝体接触部位采取灌浆等有效措施进行处理。新建涵洞（管）身断面除满足过流能力要求外，应考虑检查和维修要求。

（三）进水塔改造时不宜侵占或尽量减少侵占坝体断面，并注意与坝体连接部位防渗处理。

六、安全监测设施设计技术要求

大坝应设置必要的坝体浸润线观测管、渗流量、上下游水位等观测项目。下游截渗沟汇流出口应设置量水堰，以观测渗流量和渗水的浑浊度；建在砂砾石覆盖层上的土石坝，宜设置坝基水位观测管，必要时设置坝体浸润线观测管；当大坝采用加高方案时可设置沉降和位移观测项目。对除险加固工程的监测系统进行更新改造时，应保持监测资料的连续性。

七、其 他 要 求

初步设计阶段应明确提出水库调度运行原则和相关要求，以及发生险情和超标准洪水后的应急预案。根据施工计划安排、建筑物运用条件和下游用水需求，提出建设期和运行初期蓄水的方式。建议同时完成水库调度运用规程的编制。

关于加强水库大坝安全监测工作的通知

水建管〔2013〕250 号

为提高水库大坝安全管理水平，保障水库大坝安全运行，依据《水库大坝安全管理条例》及相关国家规定，现就加强水库大坝安全监测工作通知如下。

一、充分认识加强水库大坝安全监测工作的重要性和必要性

水库大坝安全监测是水库大坝安全管理的重要组成部分，是掌握水库大坝安全性态的重要手段，是科学调度、安全运行的前提。通过安全监测和资料整编分析，掌握施工期工程建设质量、运行期大坝安全程度，及时发现存在的问题和安全隐患，从而有效控制施工、检验设计，监控大坝工作状态，保证大坝安全运行。

近年来，我国大坝安全监测技术较快发展，安全监测设计逐步规范，仪器设备完好率不断提高，为大坝安全运行提供了支撑。但是同时，还存在一些问题不容忽视，管理粗放，安全监测设备不完善，资料整编不及时，没有建立健全响应的巡检制度和观测规程，缺乏安全监测的技术人员。这些问题在中小水库尤为突出，许多小型水库没有检测设施，难以满足水库大坝安全管理需要。

二、规范新建水库大坝安全监测设施建设

各级水行政主管部门要督促指导水库主管部门和单位，高度重视水库大坝安全监测设施建设，项目法人要组织参建各方切实做好新建水库（含除险加固水库，下同）大坝安全监测设施的建设。水库大坝安全监测设施要与主体工程同步设计、同步建设、同步验收。设计单位要严格按照现行技术规范要求，根据新建水库大坝工程等级、规模、结构型式及地形、地质条件和地理环境等因素，科学确定监测目标任务、监测项目、监测点位、监测仪器。有条件的地区，要立足高起点、高标准、高效率，建设水库大坝自动化监测系统。

水库建设单位（项目法人）应通过招投标选择有资质、讲信誉、业绩好的单位承担施工任务。施工单位应依据批准的设计方案，严格按照《大坝安全检测仪器安装标准》（SL 531—2012）等现行规范和标准进行仪器埋设，确保施工质量。要高度重视施工期和首次蓄水的安全监测工作，及时取得主要监测项目各测点的基准值，保证各项检测设施完好和监测资料的完整性。安全监测设施建设应纳入监理范围，由专业监理工程师实行全过程旁站监理。

水库建设单位（项目法人）要严格按照《水利水电建设工程验收规范》（SL 223—2008）规定，在水库蓄水验收前组织对有关监测仪器、设备按设计

要求完成安装和调试，对施工期监测资料进行整理分析，并对安全监测设施进行验收。

三、要做好运行期水库大坝安全监测和资料整编分析工作

水库管理单位或主管部门（单位）要根据仪器监测和巡视检查项目及工程特点，按现行技术规范要求，制定监测规程和巡视检查制度，明确不同阶段、不同情况的监测和巡视检查的时间、频次、部位、内容和方法，以及巡视检查的路线和顺序等。水库初期蓄水时，水库管理单位或主管部门（单位）应制定初期蓄水监测计划，并根据需要增加监测和巡视检查内容，加密监测和巡视检查频次，加强监测和巡视监测值守等，同时应根据监测资料和巡视检查情况，及时对工程工作状态做出评估，提出出气蓄水工程安全监测专题报告。水库大坝遇地震、非常洪水等异常情况时，应加强应急监测，增加监测和巡视检查频次，对发现的问题和隐患要认真分析，及早采取措施进行处理。发现重大险情应该及时报告上级主管部门（单位）。

水库管理单位或主管部门（单位）应按照现行的技术规范要求，建立监测资料数据库或信息管理系统，及时整理各监测项目的原始数据，认真做好大坝安全监测资料整编，确保数据准确、完整，应定期对巡视检查记录检查、审定，保证记录资料完整、规范、准确；定期组织相关技术人员或委托专业机构，开展监测资料的综合分析，科学评估大坝的工作状态，提出加强大坝安全管理的建议；仪器监测和巡视检查的各种原始记录、图表、影像以及资料整编、分析成果的均应该建档保存，并按分级管理制度报送有关部门备案。监测数据出现异常时，应及时复测、校正。并进行深入分析，查明异常原因，判明工程有无安全隐患或险情，如确有安全隐患或险情，应提出相应处理建议，及时报告上级主管部门（单位）。

水库管理单位或主管部门（单位）要明确责任，健全制度，加强水库大坝安全监测设施的管理与保护。仪器设备应由专人管护，建立完备的技术档案，按照技术规范要求，定期对仪器设备进行保养、率定、校验。安全监测设施不完善或仪器完好率低，不能满足大坝安全监测基本要求的工程，项目法人应研究制定布设方案，布设必须仪器设备。有条件的地方，应建立和完善水库大坝自动化监测系统，全面提升大坝安全监测水平。水库大坝进行除险加固、扩建、改建或监测系统更新改造时，应采取必要的替代措施，尽量保持监测资料的连续性和完整性。

四、突出做好小型水库安全监测工作

小型水库安全监测是水库大坝安全监测工作中的薄弱环节，是影响小型水

库安全运行的突出因素。地方各级水行政主管部门、水库主管部门（单位）以及水库管理单位要突出做好小型水库安全监测工作。小型水库应设置水尺、量水堰等水位、渗漏量和浑浊度观测设施，并根据需要增加其他必要的安全监测项目。对重要小型水库，因开展大坝变形观测及渗压监测。对正在除险加固的小型水库，应加密对水位、渗漏等的监测。同时，要制定巡查制度，加强小型水库巡视检查，重点对穿（跨）坝建筑物、软硬结合部、溢洪道、大坝上下游坡面及下游坡脚、启闭设施等关键部位进行现场检查，并按现行技术规范要求做好巡视检查记录。南方地区土坝、土石坝还应增加白蚁活动监测等。

五、保　障　措　施

各级水行政主管部门要加强对水库主管部门（单位）和管理单位的指导和督促检查，进一步规范和完善水库大坝安全监测工作。要建立健全大坝安全监测和巡视检查相关规章制度，确保大坝安全监测和巡视检查有章可循，有据可依。要督促水库主管部门（单位）和管理单位落实安全监测设施更新和维修养护资金，保证大坝安全监测设施完好、稳定、可靠。更加强机构能力建设，明确水库大坝安全监测岗位职责配备必要数量、满足专业要求的人员从事安全监测工作，并对相关人员进行技术指导和岗位培训。

关于进一步明确和落实小型水库管理主要职责
及运行管理人员基本要求的通知

水建管〔2013〕311号

为切实加强小型水库安全管理，确保水库安全运行和效益充分发挥，根据《水库大坝安全管理条例》等法律法规，现就进一步明确和落实小型水库管理主要职责和运行管理人员基本要求提出如下意见。

一、落实小型水库大坝管理责任

地方各级人民政府对本行政区域内小型水库安全负总责，组织协调有关部门做好水库安全管理工作，落实工程管护经费，划定工程管理范围和保护范围，组织重大突发事件和安全事故的应急处置。全面建立和落实水库大坝安全责任制，逐库落实政府责任人、水库主管部门责任人（或产权所有者）和水库管理单位责任人（或管护人员），逐级签订责任书，明确各类责任人的具体责任。

各级水行政主管部门负责本行政区域内所有小型水库（包括非水利系统管理的水库）安全管理的监督、指导，督促水库主管部门（或产权所有者）切实履行主管部门的职责。水行政主管部门要把小型水库安全监督管理工作纳入年度目标考核内容，树立水库安全管理汛期与非汛期并重意识，建立分工明确、职责清晰、奖惩分明、常抓不懈、齐抓共管的长效工作机制；建立辖区内所有小型水库安全责任人名册，利用公共媒体予以公告，接受社会监督；建立小型水库安全年度检查制度，设立小型水库安全状况台账，全面掌握辖区内所有小型水库的安全状况；组织实施水库运行管理督查、专项检查、电话抽查等多种方式的水库安全监督检查，对于发现的问题要及时提出整改意见和建议，督促有关单位限期整改到位；加强水库安全管理宣传、教育和培训，增强水库管理人员的安全责任意识和管理水平，逐步推行水库管护人员持证上岗制度。

水库主管部门（或产权所有者）承担所属小型水库安全管理职责，水利、建设、农业、交通、国资、林业等部门是其所管辖水库的主管部门，乡镇人民政府是乡镇、农村集体经济组织管理水库的主管部门。水库主管部门（或产权所有者）应明确水库管理单位或管护人员，组织制定并落实水库安全管理各项制度，筹措水库管理经费，对所属水库大坝进行注册登记，申请划定工程管理范围与保护范围，督促水库管理单位（或管护人员）履行职责。

水库管理单位（或管护人员）按照水库管理制度要求，实施水库调度运用，开展水库日常安全管理与工程维护，进行大坝安全巡视检查，报告大坝安全情况。水库管理单位（或管护人员）要重视小型水库管理设施的建设与维护，配备满足水库正常运行必要的工程管理设施，包括满足预报预警需要的通信设施以及大坝安全监测的水位、雨量、渗漏量等指标的大坝监测设施，重要小型水库还应设置大坝变形观测和渗压观测设施。有条件的地方要建立水库安全状况信息监测系统，实时监控辖区内所有小型水库的运行状况。

二、探索建立小型水库新型管护模式

按照《关于深化小型水利工程管理体制改革的指导意见》（水建管〔2013〕169 号）的要求，针对水库工程的特点，因地制宜探索建立专业化集中管理及社会化管理等多种管护模式。水库主管部门（或产权所有者）要积极推行小型水库专业化集中管理模式，可以按区域或水系组建专门的管理单位对多个小型水库实行集中管理，可以通过划归或委托代管等方式，由国有大中型水库管理单位、专业管理单位实行专业化管理。

坝高 15m 以上或库容 100 万 m³ 以上的小型水库，原则上应由当地政府作为管护主体，落实管护责任；对于安全风险较大、工程所有权难以清晰界定、所有者无力承担管理责任的小型水库，可以将所有权和使用权、管理权分离，由政府直接指定工程管理单位或管护人员进行管理；重点小型水库必须有水库管理单位负责工程的运行管理；其他小型水库，必须聘请专职的管护人员进行管理。

三、明确水库运行管理主要职责

（一）闸门启闭作业

运行管理人员（或管护人员）应严格按照有关规程及调度指令操作闸门启闭设备。调度指令必须由水库管理单位负责人发出，无管理单位的由水库主管部门负责人发出，未经批准，不得擅自启闭。

闸门启闭前，应先检查相关设备有无异常，确认正常后，再执行启闭操作程序，并做好设备运行的记录工作。闸门启闭运行过程中，若发现异常情况，应立即停机检查，并向调度人和主管部门报告。

（二）大坝安全监测

运行管理人员（或管护人员）应按照现行技术规范要求，做好水库大坝的仪器检测和巡视检查。水库初期蓄水时，应根据需要增加监测和巡视检查内容，加密监测和巡视检查频次，加强监测和巡视检查值守等；水库大坝遇地震、非常洪水等异常情况时，应加强应急监测，增加监测和巡视检查频次，对发现的问题和隐患要认真分析，及早采取措施进行处理。发现重大险情应及时报告上级主管部门。

　　加强水库的巡视检查，重点对溢洪道、大坝上下游坡面及下游坡脚、启闭设施以及坝体与溢洪道、涵管等建筑物结合部等关键部位进行现场检查，并按现行技术规范要求做好巡视检查记录。南方地区土石坝还应加强白蚁活动检查等。

　　仪器检测和巡视检查的各种原始记录、图表、影像以及资料整编、分析成果等均应建档保存，并按分级管理制度报送有关部门备案。监测数据出现异常时，应及时复测、校正，并进行深入分析，查明异常原因，判断工程有无安全隐患或险情，如确有安全隐患或险情，应提出相应处理建议，及时报告上级主管部门。

（三）维修养护

　　水库管理单位（或管护人员）应按照已批准的年度维修养护计划进行工程维修养护，保持坝体表面完整、溢洪道完好、放水设施畅通，备用电源可靠，保证闸门及启闭设备运行正常。

　　影响安全度汛的工程维修应在汛前完成，汛前不能完成的，应采取临时安全度汛措施，并报告上级主管部门。工程维修养护完成后，应及时做好技术资料的整理、归档。

（四）其他

　　水库管理单位（或管护人员）应当在汛前按照有关规定做好防汛物资储备工作；水库汛期水位超过汛限水位时，应及时报告上级主管部门做好预警工作；水库大坝出现险情时，应会同有关单位开展应急救灾、群众转移以及水毁修复等工作。

　　水库管理单位（或管护人员）应根据现行技术规范要求，结合已批准的白蚁防治方案，按照"先治后防、防治兼施"的原则，开展水库大坝白蚁防治工作。

　　水库管理单位（或管护人员）应配合有关单位做好大坝注册登记、安全鉴定、管理人员培训、年度安全检查、除险加固等工作。

四、运行管理人员基本要求

　　小型水库运行管理人员（或管护人员）应严格按照《水利工程管理单位定岗标准（试点）》，视水库规模、功能、任务等实际情况配备，小（1）型水库管护人员原则上应不少于3人，小（2）型水库原则上应不少于2人。管护人员应熟练掌握输放水设施操作及维护技能，了解水工建筑物的养护修理规程和有关质量标准，具有发现、处理运行中的常见故障的能力以及水工建筑物养护修理能力。

　　运行管理人员（或管护人员）须经专门业务培训合格后方可上岗，可逐步实行小型水库管理人员持证上岗制度。小型水库主管部门和管理单位应注重大坝安全管理工作，强化对各岗位人员的监督管理，定期检查各项规章制度建立落实情况，并加强业务指导。

运行管理人员（或管护人员）要认真履行工作职责，对不履行管理职责或履行管理职责不到位的管理人员，按照有关规定进行处理，造成严重后果的，应依法追究相关行政和法律责任。

附录3 小型水库土石坝主要安全隐患处置技术导则（试行）

1 总 则

1.0.1 为提高小型水库土石坝主要安全隐患处置技术水平，切实保障小型水库安全，特制定本导则。

1.0.2 本导则适用于按《水利水电工程等级划分及洪水标准》（SL 252）确定的小型水库4、5级且坝高小于30m的土石坝主要安全隐患处置。

1.0.3 小型水库土石坝主要安全隐患包括防洪安全隐患、渗流安全隐患、结构安全隐患、金属结构安全隐患以及运行管理安全隐患。

1.0.4 小型水库土石坝主要安全隐患应急处置方案应尽可能与永久治理相结合。

1.0.5 当小型水库土石坝出现安全隐患或险情时，应判别其成因及危害，采取合理处置措施。当隐患或险情危及大坝安全或有溃坝风险时，应及时报告水库主管部门、水行政主管部门和当地人民政府，并做好溃坝突发事件预警。

1.0.6 小型水库土石坝主要安全隐患处置后，仍应加强安全监测和巡视检查，及时掌握隐患处置效果。

1.0.7 本导则的引用标准主要有：

GB 50201 防洪标准

GB 50487 水利水电工程地质勘察规范

SL 101 水工钢闸门和启闭机安全检测技术规程

SL 189 小型水利水电工程碾压式土石坝设计规范

SL 210 土石坝养护修理规程

SL 252 水利水电工程等级划分及洪水标准

1.0.8 小型水库土石坝安全隐患处置除应满足本导则规定外，尚应符合国家现行相关标准的规定。

2 防洪安全隐患处置

2.1 一般规定

2.1.1 小型水库土石坝防洪安全隐患主要包括防洪标准不足、洪水漫顶，以及泄洪设施泄洪能力不足、下游河道行洪能力不足等。

2.1.2 应按《防洪标准》（GB 50201）及 SL 252 要求，复核小型水库土石坝的工程等级及防洪标准，并按《小型水利水电工程碾压式土石坝设计规范》（SL 189）复核坝顶及防渗体顶高程。

2.1.3 当运行条件发生重大变化时，应重新复核小型水库土石坝的防洪能力。

2.2 防洪标准不足

2.2.1 防洪标准不足主要包括以下情形：

1 依据资料不充分，设计洪水偏小。

2 水库淤积严重，库容减小。

3 挡水建筑物及防渗体顶高程不满足规范要求。

2.2.2 防洪标准不足的处置措施如下：

1 当基础资料不充分致使设计洪水偏小时，应补充资料并延长水文系列，重新进行设计洪水计算，然后根据复核的设计洪水成果和工程实际情况，采取加高坝体、提高泄洪能力等措施。

2 当水库淤积致使库容减小时，应视具体情况采取清淤、加高坝体或开挖、扩建溢洪道提高泄洪能力等措施。

3 当挡水建筑物及防渗体顶高程不满足规范要求时，应加高坝体或提高泄洪能力，紧急情况时可在坝顶临时修筑子坝。

2.3 洪水漫顶

2.3.1 洪水漫顶主要包括以下两种情形：

1 库水位接近坝顶或防浪墙顶，水位持续上涨，并可能出现漫顶溢流险情。

2 洪水已漫顶溢流。

2.3.2 当可能出现洪水漫顶溢流险情时，首先应采取拓挖泄洪设施、降低溢流堰等措施加大泄流量降低库水位，同时应修补防浪墙缺口、坝顶修筑子坝防止洪水漫顶。坝顶修筑子坝应沿坝轴线同步施工，严禁留有缺口。子坝的型式、适用条件、结构及实施要点见附录 A.1。

2.3.3 当未能及时在坝顶抢筑子坝时，应在坝顶及下游坝面构筑临时溢流保护措施。具体措施见附录 A.2。

2.3.4 紧急情况下，可采取开挖或爆破非常溢洪道、副坝或坝头等非常保坝措施。

2.4 泄洪能力不足

2.4.1 泄洪能力不足主要包括以下两种情形：

1 水库未设泄洪设施。

2 泄洪设施无法宣泄标准内洪水。

2.4.2 泄洪能力不足的处置措施如下：

1 当水库未设泄洪设施时，应按附录 B 复核防洪能力，并据此增设泄洪设施。

2 当泄洪设施不能宣泄标准内洪水时，应通过开挖、扩建溢洪道提高泄洪能力。

2.5 下游河道行洪能力不足

2.5.1 下游河道行洪能力不足主要包括以下情形：

1 下游无泄洪通道。

2 下游泄洪通道被占用、截断。

3 下泄洪水淘刷坝脚。

2.5.2 下游河道行洪能力不足的处置措施如下：

1 当下游无泄洪通道或泄洪通道被占用、截断时，应增建或采取疏浚、拓挖等整治措施恢复泄洪通道。

2 当下泄洪水淘刷下游坝脚时，应对下游坝脚采取抛石固脚、增设或加高挡（导）墙等防护措施；必要时应疏浚、改造下游河道。

3 渗流安全隐患处置

3.1 一般规定

3.1.1 小型水库土石坝渗流安全隐患主要包括坝基渗漏、坝体渗漏、穿坝建筑物接触渗漏及绕坝渗漏等。

3.1.2 当发现渗流安全隐患时，应根据渗漏隐患部位、类型分析其成因与危害，综合确定处置措施，并观察渗漏的变化情况。当采取降低库水位的措施时，应避免库水位降落过快引起大坝失稳。

3.1.3 渗流安全隐患处置应采取"上截下排，截排结合"的原则，坝基、坝体和绕坝渗漏处置措施应相互结合，一并实施。

3.2 坝基渗漏

3.2.1 坝基渗漏主要包括以下情形：

1 相同水库水位条件下，坝基渗流量持续增加。

2 坝基渗漏水出现浑浊或细颗粒带出。

3 坝后冒水翻砂、塌陷或松软隆起，或伴有坝前漩涡现象。

4 监测资料或计算分析表明，坝基渗透坡降不满足要求。

3.2.2 坝基渗漏的处置措施如下：

1 坝前防渗处理可根据工程和地质条件采取水平防渗或垂直防渗等截渗措施，可采用抛填黏土（袋）构筑铺盖、铺设土工膜、帷幕灌浆或设置防渗墙等措施。

1）当渗漏较轻时，可采用抛填黏土（袋）构筑铺盖或铺设土工膜等水平防渗措施。

2）当渗漏严重时，应采用帷幕灌浆或设置防渗墙等垂直防渗措施。

2　坝后排水反滤措施可根据工程和坝基地质条件采取排水减压井（沟）、滤层压盖、排水暗管或反滤围井等措施。

1）对于坝后承压的地基，一般可采用挖穿或钻穿相对不透水的表层，形成排水明（暗）沟或减压井（沟），当相对不透水层较深厚或覆盖层深厚时需设置减压井。具体措施详见附录 C.1。

2）对渗水量较小、渗透流速较小的管涌，或普遍渗水的区域，可在坝后地基加设排水反滤措施。具体措施详见附录 C.2。

3）对严重的管涌险情抢护应以反滤围井为主，并优先选用砂石滤层围井或土工织物滤层围井，辅以其他措施。反滤铺筑前，应先清理处理范围内的软泥和杂物；对涌水带沙较严重的管涌出口，应抛填块石保护；管涌范围内应分层铺填透水性良好的滤料，并根据所用滤料不同，分为砂石滤层铺盖、土工织物滤层铺盖、梢料滤层铺盖等，滤层顶部应压盖保护层。具体措施详见附录 C.3。

4）当坝后管涌口附近积水较深，不易形成围井时，可采用水下抛填导滤堆，形成导滤排水。具体措施详见附录 C.4。

5）当下游坡脚附近出现分布范围较大的管涌群险情时，可在出险范围外抢筑围堰，截蓄涌水以抬高水位，然后安设排水管将余水排出。具体措施详见附录 C.5。

3.3　坝体渗漏

3.3.1　坝体渗漏主要包括如下情形：

1　上游坝坡塌陷或伴有坝前漩涡。

2　下游坝坡大面积散浸、松软隆起或塌陷。

3　下游坝坡出现集中渗漏点，水质浑浊或有细颗粒带出，或出逸点高于反滤体顶高程。

4　下游坝脚反滤体失效。

5　相同水库水位条件下，渗流量或坝体渗流压力持续增加。

6　监测资料或计算分析表明，坝体渗透稳定性不满足要求。

3.3.2　坝体渗漏的处置措施如下：

1　上游坝坡防渗处理可采取抛填黏土（袋）构筑戗堤或铺设土工膜等上游截渗措施（详见附录 D.1），险情严重时可采用填筑导渗材料处理。

1）当坝前水深较浅时，可修土袋围堰或桩柳围堰，将水抽干后用草袋、麻袋或土工编织袋装黏性土或其他不透水材料直接在水下填筑陷坑，待全部填满后再抛黏性土、散土封堵，其防渗性能应不小于坝体土料，以利防渗。

2）当坝前水位较高时，可采取抛填黏土（袋）构筑戗堤或铺设土工膜等上游截渗措施；当坝体出现塌陷较深时，可进行应急填土处理；对伴有渗水、管涌或漏洞等情况的险情，可采用填筑导渗材料处理。

2 下游坝坡导渗处理可采取坝后设排水导渗沟或贴坡排水，险情严重时可采用透水后戗处理，并做好反滤保护。

1）当下游坝坡大面积散浸，但无脱坡或渗水变浑，且不宜在上游坝坡迅速采取截渗措施时，可在下游坝坡开挖导渗沟，铺设滤料、土工织物或透水软管等导渗排水。具体措施详见附录 D.2。

2）当下游坝坡开挖导渗沟后排水仍不显著时，可增挖竖沟或斜沟。

3）当坝体透水性较强，下游坝坡土体过于松软，或坝体断面单薄，不宜采用导渗沟时，可采用滤层导渗法抢护。具体措施详见附录 D.3。

4）当下游坡发生严重渗水时，对坝体断面单薄、滩地狭窄，或下游坝坡较陡以及坝脚有潭坑、池塘的，可采用修筑砂土透水后戗或梢土后戗抢护（详见附录 D.4），宜用透水性能不小于坝体土的土料，以利排水。

5）导渗沟可采用砂石导渗沟、土工织物导渗沟、梢料导渗沟，导渗沟具体尺寸和间距应根据渗水程度和土壤性质确定；土工织物导渗沟内应选择符合滤层要求的土工织物，沟内应填满粗砂、碎石、砖渣等一般性透水材料；紧急情况下，也可用土工织物包梢料捆成枕置于导渗沟内，其上应铺盖土料保护层。

6）透水软管导渗沟内铺设渗水软管，渗水软管四周应充填粗砂。

3 当大坝下游坝坡发生塌陷，且伴有渗水或漏洞险情时，应对大坝上游坝坡渗漏通道进行截堵，对不宜直接翻筑的背水塌陷，可采用填筑滤料法抢护。具体措施详见附录 D.5。

1）先清除塌陷内松土或湿软土，然后用粗砂填实，如涌水严重，按背水导渗要求，加填石子、块石、砖块、梢料等透水材料填实。

2）待塌陷填满后，可按砂石滤层铺设方法抢护。

3.4 穿坝建筑物接触渗漏

3.4.1 穿坝建筑物接触渗漏主要包括以下情形：

1 坝下（内）埋管出口与坝体接触部位有明显渗流，出水浑浊或有细颗粒带出。

2 开敞式建筑物侧墙与坝体连接部位有明显渗流，出水浑浊或有细颗粒带出。

3 建筑物出口与坝体接触部位有明显的出水口，水流呈泉状涌出。

4 坝下（内）埋管因不均匀沉陷断裂或止水破坏，内水外渗或外水内渗。

5 建筑物进、出口与坝体连接部位出现塌坑且土体湿软。

3.4.2　穿坝建筑物接触渗漏的处置措施如下：

1　当渗漏情况轻微时，应在发生部位按照反滤要求采取临水堵截、下游侧导渗、封闭围堰等措施；情况严重时，应降低库水位直至出口渗流不明显，并及时分析原因，采取相应措施处理。具体处理措施可按如下要求采用。

1）临水堵截

首先应将建筑物两侧临水坡面的杂草、树木等清除；然后沿建筑物与坝身、坝基结合部抛填黏土截渗；临水截渗时严禁乱抛块石或块状物，靠近建筑物侧墙和涵管附近不宜用土袋抛填，防止架空。

2）下游侧导渗

当接触冲刷险情轻微时，可在接触冲刷水流出口处修筑反滤围井导渗处理；当接触冲刷险情严重时，可在建筑物出口处修筑较大的围堰，将整个穿坝建筑物的下游出口围在其中，然后蓄水反压，方法与抢护管涌险情的围堰相同。在大坝下游侧蓄水反压时，水位不宜抬得过高，以免引起围堰倒塌或周围产生新的险情。

3）封闭围堰

当穿坝建筑物已发生严重的接触冲刷险情而无有效抢护措施时，应根据地形、地质条件，在大坝上游侧等适宜位置填筑围堰临时封闭，抢筑临水围堰时应绕过建筑物顶端，将建筑物与大坝及坝基结合部位围在其中。

2　当穿坝建筑物结合部上游出现塌陷时，应清除坑内软土，重新回填填筑土料；当下游出现塌坑时，应清除坑内软土，按照反滤要求回填透水料。若处理后短时间内再次发生塌陷，应降低水库运行水位，并及时分析原因，采取相应加固措施处理。

3.5　绕坝渗漏

3.5.1　绕坝渗漏主要包括以下情形：

1　坝体与岸坡结合部明显漏水且有细颗粒带出。

2　坝体与岸坡结合部局部土体表面隆起或有细颗粒带出。

3　坝体与岸坡结合部上、下游出现塌坑。

4　相同水库水位下，绕坝渗流量或渗流压力持续增加。

5　坝体与岸坡结合部有明显的出水口，水流呈泉状涌出。

3.5.2　绕坝渗漏处理参照坝基渗漏处理进行，并对渗流出口采取反滤保护措施。

4　结构安全隐患处置

4.1　一般规定

4.1.1　小型水库土石坝结构安全隐患主要包括坝体护坡塌陷、坝体裂缝、坝体滑坡、近坝岸坡滑坡、坝基液化、输泄水建筑物结构异常变形、白蚁及其他动物危害等。

4.1.2 发现结构安全隐患后，应根据隐患部位和类型，分析其成因及危害，综合确定处置措施，并观察结构变形的变化情况。当采取降低库水位的措施时，应避免库水位降落过快引起大坝失稳。

4.2 坝体护坡塌陷

4.2.1 坝体护坡塌陷主要包括以下情形：

1 上游护坡风浪淘刷、剥蚀严重，松动脱落、架空坍塌、错动或开裂。

2 上游护坡冻胀严重，鼓胀隆起、坍塌下滑。

3 下游护坡雨水冲刷严重，形成雨淋沟、陡坎、坍塌。

4.2.2 坝体护坡塌陷处置以"抓紧翻筑抢护，防止险情扩大"为原则，及时判别隐患成因，根据不同的护坡结构型式和塌陷范围，采取合适的处置措施，具体要求如下：

1 当风浪淘刷引起护坡松动脱落、架空坍塌、错动或开裂时，宜采用填补翻修的方法修复。条件允许时，宜采用翻挖分层填土夯实的方法进行回填处理，按垫层和护坡要求恢复原状；条件不允许时，可进行临时性的填塞封堵处理。

2 当冰冻引起护坡鼓胀隆起、坍塌下滑时，可采用加厚砌石护坡反滤垫层和涂黑混凝土板护坡表面、铺保温板等防冰冻措施修复处理。

3 当雨水冲刷护坡形成雨淋沟、陡坎、坍塌时，宜采用削坡、开挖回填方法修复，并做好坝面排水沟。

4.3 坝体裂缝

4.3.1 坝体裂缝主要包括以下情形：

1 坝顶和上、下游坡面的坝体纵向裂缝。

2 坝体心墙（斜墙）与透水料、坝体分区结合面以及坝体新老断面结合处的坝体纵向裂缝。

3 坝体横向裂缝。

4 坝体与两坝肩及穿坝建筑物接触处的沉陷裂缝。

5 防浪墙与大坝防渗体结合部裂缝。

6 防浪墙或混凝土防渗面板的贯穿性裂缝。

4.3.2 坝体裂缝处置以"判明原因，先急后缓"为原则，根据不同的裂缝成因和裂缝规模，采取相应的处置措施。

4.3.3 裂缝处置前，可对裂缝用石灰水灌缝或挖坑进行检查，判断裂缝的性质，分析裂缝可能给坝体带来的危害，必要时对主要裂缝设置监测措施，如监测桩、监测标记、监测仪器等，定时进行监测和记录，观测裂缝变化情况，并加强巡查。

4.3.4 坝体裂缝的处置措施如下：

1 对缝宽缝深较小的纵向裂缝可只进行缝口封闭，防止雨水渗入；缝宽缝深较大的纵向裂缝应采取开挖回填方法处理，处置要求如下：

1）顺着裂缝开挖成槽，开槽深度至少在裂缝底以下 0.3～0.5m。

2）槽内回填类似坝体土料，分层夯实。

3）回填部位表层覆盖防水塑料膜或土工膜，再填筑砂性保护层。

2 对坝体分区结合部位（特别是防渗体与过渡料部位等）的纵向裂缝，应开挖回填处理，并做好层间过渡。

3 坝体横向裂缝应采取开挖回填处理措施，处理要求如下：

1）顺裂缝开挖成槽，开槽深度至少在裂缝底以下 0.3～0.5m，沿裂缝方向每隔 5m 左右开挖与裂缝相交成十字形的结合槽。

2）槽内用塑性较高的土分层回填，回填土含水率控制略高于其最优含水率，铺层厚度不大于 20cm，人工夯实，回填平整或与坝坡齐平。

3）填平后再铺一层厚 15cm 的塑性较高的土，夯实处理成龟背形。

4）坝体迎水侧加深加宽开槽，并确保迎水侧横缝封闭，与无缝坝体至少有 1m 的搭接。

5）对裂缝宽度和深度过大的横向裂缝，可采用开挖回填与灌浆相结合的方法处理，先开挖回填裂缝上部，并用回填黏土形成阻浆盖，然后以黏土浆液灌浆处理。

6）对难以开挖的裂缝或危及坝体稳定的内部裂缝，宜采用灌浆法处理。

4 对坝体与两坝肩及穿坝建筑物接触处的沉陷裂缝，一般采用开挖分层夯实回填处理，必要时采用开挖回填与防渗处理相结合的方法处理。

5 对防浪墙与大坝防渗体接合部位裂缝，可采用充填式黏土灌浆的方法处理，要求防浪墙与防渗体紧密连接。

6 对防浪墙或混凝土防渗面板的裂缝，应符合如下要求：

1）当出现局部裂缝或破损时，可采用水泥砂浆、环氧砂 H52 系列特种涂料等防渗堵漏材料进行表面涂抹。

2）当出现的裂缝较宽或伸缩缝止水遭破坏时，可采用表面粘补或凿槽嵌补方法进行处置，嵌填时，应将密封膏从下至上挤压入缝内，待密封膏固化后，再在其表面涂刷一层面层保护胶封闭。

4.4 坝体滑坡

4.4.1 坝体滑坡主要包括以下情形：

1 水库高水位运行、大坝渗漏等，引起下游坝坡滑坡。

2 水库快速泄（放）水，引起上游坝坡滑坡。

3 水库风浪淘刷，引起上游坝坡滑坡。

4 发生地震，引起坝坡滑坡。

5 穿坝建筑物附近坝坡滑坡。

6 两岸坝肩附近下游坝坡滑坡。

7 下游坝脚水流冲刷、鱼塘侵蚀等，引起下游坝坡滑坡。

4.4.2 坝体滑坡的主要征兆按如下现象判断：

1 坝体短时间出现持续而显著的位移，特别是伴随着裂缝出现连续性的位移，而位移量又逐渐加大，边坡下部的水平位移量大于边坡上部的水平位移量，边坡上部垂直位移向下，边坡下部垂直位移向上。

2 滑动主裂缝两端有向边坡下部逐渐弯曲的趋势，两侧分布有众多的平行小缝，主缝上、下侧有错动。

4.4.3 坝体滑坡处置以"下部压重，上部减载"为原则，根据滑坡原因、部位和实际条件，采取开挖回填、加培缓坡、压重固脚、导渗排水等措施综合处理。

4.4.4 滑坡处理前，应严防雨水渗入裂缝内，可用塑料薄膜、土工膜等覆盖封闭滑坡裂缝，同时应在裂缝上方开挖截水沟，拦截和引走坝面的雨水。

4.4.5 坝体滑坡的处置措施如下：

1 对因水库高水位运行、大坝渗漏等引起的下游坝坡滑坡，应采取开挖回填、加培缓坡、压重固脚和导渗排水等综合措施处理，应符合如下要求：

1）应结合坝体渗漏安全隐患的处置措施（见第 3.3.2 条），进行大坝防渗处理和下游排水反滤处理。

2）对体积较小的滑坡体，宜全部挖除，用原设计要求的土料分层回填夯实；对体积较大滑坡体，可将松土部分挖除，用原设计要求的土料分层回填夯实。

3）对陡于土体的稳定边坡所引起的滑坡，应放缓坝坡；原有排水体接至新坝脚。

4）对滑坡体底部前缘滑出坝脚以外的滑坡，可在滑坡段下部采取砌石固脚或抛石压脚的压重固脚措施，形成镇压台或压坡体，有排水要求时，应考虑排水反滤设施。

2 对库水位骤降引起的上游滑坡，应立即停止放水，使库内保持一定水位；然后采取开挖回填、压重固脚等处理措施。

3 对水库风浪淘刷引起的上游坝坡滑坡，应采用翻挖分层填土夯实的方法进行回填处理，按大坝护坡要求恢复原状；必要时，采取防风浪淘刷护坡型式。

4 对地震引起的上、下游坝坡滑坡，应采取开挖回填、放缓坝坡、压重固脚等措施处理。

5　对穿坝建筑物附近坝坡发生滑坡，应先查明滑坡的原因，判明是否存在穿坝建筑物断裂渗水，必要时结合穿坝建筑物渗漏安全隐患处置措施，按照第 3.4.2 条进行综合措施处理。

6　对两岸坝肩附近下游坝坡发生滑坡，应先查明滑坡的原因，判明是否存在绕坝渗漏等现象，必要时结合绕坝渗漏安全隐患处置措施，采取开挖回填、加培缓坡、压重固脚和导渗排水等处理。

7　对下游坝脚水流冲刷、鱼塘侵蚀等引起的下游坝坡滑坡，应结合对下游坝脚的防冲、防侵蚀措施，采取开挖回填、加培缓坡、压重固脚等措施处理。

4.5　近坝岸坡滑坡

4.5.1　近坝岸坡滑坡主要包括以下两种情形：

1　两坝肩岸坡滑坡。

2　溢洪道、输（泄）水洞进出口滑坡。

4.5.2　近坝岸坡滑坡的处置措施如下：

1　对滑坡体范围、位移、裂缝宽度变化等进行监测和检查。

2　对岸坡滑塌阻塞泄（输）水建筑物进口的滑塌体及淤积物，应及时清除，确保其正常泄（输）水。

3　对不稳定滑坡体，应采取削坡减载、锚固或喷射混凝土支护等措施处理；对规模比较大的滑坡体，应做专门分析论证后确定处理措施。

4.6　坝基液化

4.6.1　坝基液化是指发生地震时，坝基可液化土层产生液化，从而引起地基软化、坝体坍塌的现象。

4.6.2　坝基液化的处置措施如下：

1　当地震区坝基存在饱和无黏性土地层时，应按《水利水电工程地质勘察规范》（GB 50487）进行液化判别。

2　对已判明的坝基可液化土层，应查明分布范围，分析其危害程度，根据工程实际情况，选择合理的处理措施，一般可采取振冲加密、挤密碎石桩、封闭易液化土层、填土压重等地基加固措施进行处理。

4.7　泄、输水建筑物结构异常变形

4.7.1　泄、输水建筑物结构异常变形主要包括以下情形：

1　溢洪道闸室结构严重变形，致使闸门和启闭设施卡阻。

2　溢洪道底板及两侧翼墙或边墙严重变形，产生裂缝漏水。

3　放水涵（管）进口结构变形，致使闸门漏水、启闭设施失灵。

4　放水涵（管）进口断裂、洞身严重变形，裂缝漏水。

5 放水涵（管）启闭塔变形裂缝。

4.7.2 泄、输水建筑物结构异常变形安全隐患的处置，一般应对建筑物结构变形部位进行补强加固，结构变形特别严重的，宜拆除重建。

4.7.3 泄、输水建筑物结构异常变形的具体处置措施如下：

1 当溢洪道底板及两侧翼墙或边墙变形严重时，应首先加固地基，待变形基本稳定后进行凿槽嵌补，采用水泥砂浆或环氧砂浆堵塞裂缝；伸缩缝漏水，可在渗水出口缝上凿槽，将渗漏水集中导开，然后用速凝剂堵漏后用水泥砂浆或环氧砂浆嵌补。

2 当放水涵（管）进口变形严重，裂缝漏水时，应结合渗漏安全隐患处置措施，按照第3.4.2条进行处置；进口变形特别严重的，可开挖重建。

3 当放水涵（管）洞身严重变形，断裂漏水时，应结合渗漏安全隐患处置措施，按照第3.4.2条进行处置；洞（管）身变形特别严重的，应整体拆除重建。

4 当放水涵（管）启闭塔因地震变形、裂缝严重时，应根据震损程度，采取相应的抗震加固措施处置（详见附录E）；震损特别严重的，应拆除重建。

4.8 白蚁及其他动物危害

4.8.1 白蚁及其他动物危害是指白蚁及其他动物在坝体内营巢筑穴，侵害坝体形成蚁（兽）道和蚁（兽）穴，危及大坝安全。

4.8.2 对蚁巢或兽穴，可采用破巢除蚁、烟熏、药物诱杀法进行处理，对空洞较大的蚁巢和兽穴，应及时开挖回填，具体方法可参照《土石坝养护修理规程》（SL 210）执行。

4.8.3 对蚁道或兽道，可采用黏土加药物混合的充填灌浆法或增设防渗墙进行处理，具体方法可参照 SL 210 执行。

5 金属结构安全隐患处置

5.1 一般规定

5.1.1 小型水库土石坝金属结构安全隐患主要包括闸门安全隐患、启闭机设备缺陷、供电系统缺陷等。

5.1.2 当发现金属结构存在安全隐患时，应及时判别隐患成因及危害，必要时参照《水工钢闸门和启闭机安全检测技术规程》（SL 101）进行安全检测，并应根据隐患发生的部位、原因与实际条件，采取不同的处置措施及时处理。

5.1.3 金属结构安全隐患处置后，适时进行设备调试运行，并加强巡视检查，掌握隐患处置效果。

5.1.4 金属结构在出现下列情况之一时，应进行安全检测和复核计算：

1 当水库特征水位发生变化、闸前淤积等导致运行工况发生改变。

2 设备锈损和变形严重。

5.2 闸门安全隐患

5.2.1 闸门安全隐患主要包括以下情形：

1 闸门高度不满足挡水要求。

2 闸门锈蚀严重、门体变形等。

3 闸门行走支承装置和导向装置损坏或锈死、吊点不平衡、门槽或门槛中有异物、止水设施损坏等。

4 翻板闸门、叠搭连锁闸门支撑墩、铰链等锈蚀严重。

5.2.2 闸门安全隐患的处置措施如下：

1 当闸门高度不满足挡水要求时，应结合水库运行调度核算闸门高度，并根据复核结果进行改造。

2 当闸门锈蚀严重、强度不满足规范要求或闸门的面板、梁系结构、门槽等变形影响闸门启闭时，可根据工程实际更换相应的构件或更换整扇闸门。

3 当钢筋混凝土闸门（含钢丝网水泥面板闸门）破损露石、露筋时，应进行修补或更换处理。

4 当闸门行走支承装置和导向装置锈死或损坏时，应按照如下要求进行处理：

1）当滚轮装置锈蚀、磨损严重不能正常转动时，应更换处理。

2）当胶木滑道的变形、开裂、老化等缺陷影响闸门正常运行时，应进行更换处理。

3）当闸门吊点不平衡时，应对钢丝绳长度、吊杆长度、启闭传动设备的同步性等进行调整。

4）当闸门止水设施损坏时，应进行更换。

5 当翻板闸门、叠搭连锁闸门支撑墩、铰链等锈蚀严重，影响闸门正常运行时，应进行加固或更换处理。

5.3 启闭机设备缺陷

5.3.1 启闭机设备缺陷主要包括以下情形：

1 闸门卡阻导致启闭力不足。

2 启闭容量不足。

3 钢丝绳断丝、吊杆（拉杆）变形、开式齿轮断齿。

4 液压启闭机管线破损、漏油。

5 手电两用启闭机手动设施缺失。

6 发电机故障、制动器电磁（液压）及闸瓦失灵。

7 闸门开度、限位器出现异常或损坏。

5.3.2 启闭机设备缺陷的处置措施如下：

1 当闸门卡阻导致启闭力不足时，应采取措施消除闸门卡阻。

2 当启闭容量不足时，应更换启闭机。

3 当启闭机钢丝绳断丝、吊杆（拉杆）变形、开式齿轮断齿等影响到闸门启闭安全时，应予以更换。

4 当液压启闭机漏油影响到闸门启闭安全时，应检测缸体、油路系统找出渗漏油位置，及时维修或更换相应的零部件。

5 当手电两用启闭机手动设施缺失时，应增设手动设施。

6 当启闭机发电机故障、制动器电磁（液压）及闸瓦失灵时，应及时维修更换。

7 当闸门开度、限位器异常或损坏时，应及时处理，并对闸门启闭增加人工监控。

5.4 供电系统缺陷

5.4.1 供电系统缺陷主要包括以下情形：

1 供电线路老化、线路过长、负载过大。

2 泄洪设施无备用电源。

3 防雷设施年久失修损坏。

5.4.2 供电系统缺陷的处置措施如下：

1 当发现供电系统运行安全隐患时，应根据隐患发生的原因与实际条件，采取不同的处置措施，及时处理。

2 当供电线路老化、线路过长、负载过大时，应改造供电线路或增设变压器。

3 当泄洪设施无备用电源时，对有备用电源要求的应增设柴油发电机；对无备用电源要求的应采取其他措施，保障泄洪设施正常启闭。

4 当防雷设施年久失修或损坏时，应及时维修或更换。

6 运行管理安全隐患处置

6.1 一般规定

6.1.1 小型水库土石坝运行管理安全隐患主要包括管理责任不明确、管理设施不完善、管理措施不到位、应急管理措施不落实等。

6.1.2 运行管理安全隐患处置应首先明确安全管理责任，以及运行管护主体和管护人员，并配备必要的安全管理设施，落实应急管理措施。

6.1.3 小型水库土石坝应根据水库实际情况制定初期蓄水方案、调度运用规程（方案）、度汛方案、水库大坝安全管理应急预案，并建立健全水库运行管理各项规章制度，切实做好巡视检查、维修养护等各项工作。

6.2　管理责任不明确

6.2.1　小型水库土石坝管理责任主要包括地方人民政府落实水库行政领导负责制度，水行政主管部门负责建立小型水库安全监督管理规章制度，水库管理单位或管护人员负责落实安全管理制度。

6.2.2　管理责任不明确主要包括以下情形：

1　大坝安全管理责任制未落实。

2　安全监督管理规章制度不健全。

3　运行管护主体和管护人员不落实。

6.2.3　管理责任不明确应遵循以下要求整改：

1　对安全管理责任制未落实的小型水库，应按有关规定建立健全安全管理责任制，逐库落实运行安全行政领导负责制，明确地方政府、水行政主管部门、管理单位运行安全责任人，并通过公共媒体向社会公告，接受社会各界监督。对农村集体组织或用水合作组织所属小型水库，由工程所在乡（镇）人民政府建立并落实运行安全责任制。各责任主体的职责如下：

1）地方人民政府负责落实本行政区域内小型水库安全行政管理责任人，并明确其职责，协调有关部门做好小型水库安全管理工作，落实管理经费，划定工程管理范围与保护范围，组织重大安全事故应急处置。

2）水行政主管部门负责建立小型水库安全监督管理规章制度，组织实施安全监督检查，负责注册登记资料汇总工作，对管理（管护）人员进行技术指导与安全培训。

3）水库主管部门（或业主）负责所属小型水库安全管理，明确水库管理单位或管护人员，制定并落实水库安全管理各项制度，筹措水库管理经费，对所属水库大坝进行注册登记，申请划定工程管理范围与保护范围，督促水库管理单位或管护人员履行职责。

4）水库管理单位或管护人员按照水库管理制度要求，实施水库调度运用，开展水库日常安全管理与工程维护，进行大坝安全巡视检查，报告大坝安全情况。

2　对运行管护主体和管护人员不落实的重点小型水库，水库主管部门（或业主）应建立水库管理单位，其他小型水库应有专人管理，明确管护人员。小型水库管理（管护）人员应参加水行政主管部门组织的岗位技术培训。

6.3　管理设施不完善

6.3.1　管理设施包括大坝安全监测设施、防汛道路、通信设施、管理用房等。

6.3.2　管理设施不完善主要包括以下情形：

1　无监测设施或监测项目不完善。

2 无防汛道路或道路标准不满足防汛抢险要求。

3 通信设施不满足汛期报汛或紧急情况下报警的要求。

4 无管理用房或管理用房不满足管理（护）人员办公、汛期值班和储备必要防汛抢险物资的要求。

6.3.3 管理设施不完善应遵循以下要求整改：

1 对监测设施不完善的重点小型水库，水库主管部门和管理单位应按照有关规定增设必要的安全监测设施，一般小型水库至少应设置库水位观测设施。

2 对缺少必要交通条件的小型水库，应修筑能够到达坝肩或坝下的防汛道路，道路标准应满足防汛抢险要求。当现有防汛道路不能满足防汛抢险要求时，应按标准进行整修。对坝顶兼做公路的，应对机动车辆通行加强管理，并设置超高、超宽和限载要求。

3 对缺少对外通信条件的小型水库，应配备必要的通信设施，满足汛期报汛或紧急情况下报警的要求。对小（1）型水库和对村镇、交通干线、军事设施、工矿校区等人口集中区安全有重要影响的重点小（2）型水库须具备两种以上的有效通信手段，其他小（2）型水库须具备一种以上的有效通信手段。

4 对缺少管理用房的小型水库，应配备一定面积的管理用房，满足水库管理（护）人员办公、汛期值班和储备必要防汛抢险物资的要求。当已建管理房不能满足安全或日常管理要求时，应对管理房进行整修。

6.4 管理措施不到位

6.4.1 小型水库土石坝管理措施主要包括管理制度、调度运用、安全监测与巡视检查、维修养护、安全鉴定、控制运用、除险加固、降等或报废等。

6.4.2 管理措施不到位主要包括以下情形：

1 水库管理制度不健全。

2 未编制水库调度运用方案、度汛方案或未批复。

3 新建、改扩建或除险加固工程未编制初期蓄水方案、主体工程未验收即蓄水运行等。

4 未建立巡视检查和安全监测制度。

5 维修养护不到位。

6 水库未按规定开展大坝安全鉴定（认定）。

6.4.3 管理措施不到位应遵循以下要求整改：

1 对管理制度不完善的小型水库，应建立调度运用、巡视检查、维修养护、防汛抢险、闸门操作、应急管理、技术档案等管理制度并严格执行。

2 对缺少调度运用方案（规程）的小型水库，水库主管部门（或业主）应编制调度运用方案（规程），并按有关规定报批并严格执行。

当水库调度任务、运行条件、调度方式、工程安全状况等发生重大变化后，应及时对水库调度运用方案（规程）进行修订，并报原审批部门审查批准。

3 新建、改扩建或除险加固工程投入蓄水运用前，应编制初期蓄水方案，并报有管辖权的水行政主管部门审查批准。

初期蓄水方案应明确下闸蓄水时间；对分阶段蓄水的，应明确阶段蓄水历时、阶段蓄水控制水位、下阶段继续蓄水的条件等，蓄水运行前应完成下闸蓄水验收。

4 未建立巡视检查和安全监测制度的小型水库，水库管理单位或管护人员应按照有关规定开展日常巡视检查与安全监测工作，重点检查和监测水库水位、渗流及主要建筑物运行状况，并做好工程安全检查和监测记录、分析、报告和存档等工作。

对除险加固后初期蓄水的小型水库，要加密巡视检查与安全监测的频次和内容，重点关注穿坝建筑物及工程除险加固部位的运行状况，并加强值守，一旦发现异常渗漏与裂缝、塌陷等现象，应立即报告主管部门和当地政府，并迅速按应急抢险方案组织抢险，同时降低水位运行，必要时放空水库。

5 维修养护不到位的小型水库，地方政府和水库主管部门（或业主）应落实人员基本支出和工程维修养护经费，按规定组织开展日常维修养护工作，对枢纽建筑物、启闭设备及备用电源等加强检查维护。

6 水库主管部门（或业主）应按规定组织开展大坝安全鉴定（认定）工作，对经鉴定为"三类坝"的小型病险水库，应采取有效措施限期消除安全隐患。

水行政主管部门应根据水库病险情况发布限制水位运行或空库运行指令；对符合降等或报废条件的小型水库，应按有关规定实施降等或报废处理。

6.5 应急管理措施不落实

6.5.1 应急管理措施主要包括应急预案、预案运行机制、应急保障、预案的宣贯与演练等。

6.5.2 应急管理措施不落实主要包括以下情形：

1 大坝安全管理应急预案或防汛抢修应急预案未编制。

2 险情报告制度不落实。

3 应急保障不落实。

4 预案宣贯与演练制度不落实。

6.5.3 应急管理措施不落实应遵循以下要求整改：

1 对无应急预案的小型水库，水库主管部门（或业主）应按有关规定组织编制大坝安全管理应急预案，报县级以上水行政主管部门备案。

2　水库管理单位或管护人员发现大坝险情时，应立即报告水库主管部门（或业主）、地方人民政府，并加强观测，及时发出警报。

3　应结合防汛抢险需要，成立应急抢险与救援队伍，储备必要的防汛抢险与应急救援物料器材。

4　应加强对应急预案的宣传和培训，并按照应急预案中确定的撤离信号、路线、方式及避难场所，适时组织群众进行撤离演练。

附录 A　洪水漫顶的处置措施

A.1　子　坝　实　施

A.1.1　当水库可能出现漫顶溢流险情时，应首先采取拓挖泄洪设施、降低溢流堰等措施加大泄洪流量降低库水位，防止洪水漫顶；同时修补防浪墙缺口，并利用防浪墙抢筑子坝，在防浪墙后堆土夯实，做成土料子坝；或用土袋在防浪墙后加高加固成土袋子坝。

A.1.2　为防止防浪墙漏水，可先在防浪墙迎水面铺设一层土工膜止水截渗，然后在墙后铺筑子坝。其中土料子坝适用于风浪较小，取土方便的土坝，土袋子坝适用于坝顶较窄、风浪较大、取土较困难、土袋供应充足的坝体。对于大坝坝顶较窄，风浪很大，且洪水即将漫顶的紧急情况下，可利用桩柳、木板或埽捆在坝顶修筑子坝，如纯土子坝、土袋子坝、桩柳（木板）子坝、柳石（土）枕子坝、土工织物土子坝。

1　土料子坝

土料子坝应修在坝顶靠临水坝肩一侧，其临水坡脚一般距坝肩 0.5～1.0m，顶宽 1.0m，边坡不陡于 1∶1，子坝顶应超出推算最高水位 0.5～1.0m。抢筑前，沿子坝轴线先开挖一条结合槽，槽深 0.2m，底宽约 0.3m，边坡 1∶1（图 A.1-1）。清除子坝底宽范围内原坝顶面的草皮、杂物，并把表层刨松或犁成小沟，以利新老土结合。土料选用黏性土，填筑时分层填土夯实。

2　土袋子坝

土袋子坝（图 A.1-2）适用于坝顶较窄、风浪较大、取土较困难、土袋供应充足的坝体。一般用草袋、麻袋或土工编织袋，装土七八成满后，将

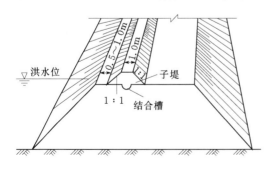

图 A.1-1　土料子坝示意图

袋口缝严，不要用绳扎口，以
利铺砌。土袋后面修土戗，砌
土袋，分层铺土夯实，土袋内
侧缝隙可在铺砌时分层用砂土
填垫密实，外露缝隙用麦秸、
稻草塞严，以免土料被风浪抽
吸出来。子坝顶高程应超过推
算的最高水位，并保持一定
超高。

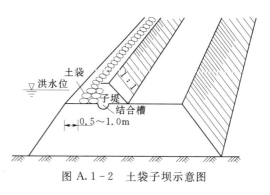

图 A.1-2 土袋子坝示意图

3 桩柳子坝

当土质较差，取土困难，又缺乏土袋时，可就地取材，采用桩柳子坝（图
A.1-3）。在临水坝肩先打木桩一排，将柳枝、秸料或芦苇等捆成长 2~3m，
直径约 20cm 的柳把，用铅丝或麻绳绑扎于木桩后（亦可用散柳厢修），自下
而上紧靠木桩逐层叠放。然后在柳把后面散放厚约 20cm 秸料一层，然后再分
层铺土夯实，做成土戗。此外，若坝顶较窄时，也可用双排桩柳子坝。在水情
紧急缺乏柳料时，也可用木板、门板、秸箔等代替柳把，后筑土戗。

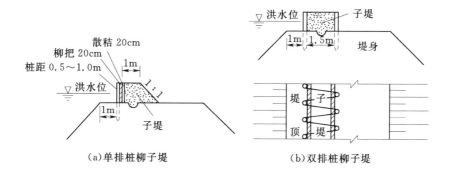

（a）单排桩柳子堤 　　　　（b）双排桩柳子堤

图 A.1-3 桩柳子坝示意图

4 柳石（土）枕子坝

当取土困难，土袋缺乏而柳源又比较丰富时，适用此法（图 A.1-4）。在
坝顶临水一侧按品字形堆放柳石枕。第一个枕距临水坝肩 0.5~1.0m，并在其
两端各打 1 根木桩，以固定柳石（土）枕，防止滚动，或在枕下挖深 0.1m 的
沟槽，以免枕滑动并防止顺坝面渗水。枕后用土做戗，戗下开挖结合槽，刨松
表层土，并清除草皮杂物，以利于结合。然后在枕后分层铺土夯实，直至戗
顶。戗顶宽一般不小于 1.0m，边坡不陡于 1:1，土质较差时，应适当放缓
坡度。

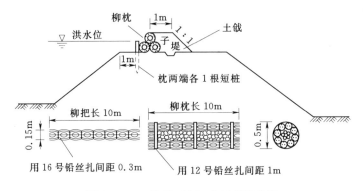

图 A.1-4 柳石（土）枕子坝示意图

5 土工织物土子坝

土工织物土子坝（图 A.1-5）的抢筑方法基本与纯土子坝相同，不同的是将坝坡防风浪的土工织物软体排铺设高度向上延伸覆盖至子坝顶部，使坝坡防风浪淘刷和坝顶防漫溢的软体排构成一个整体，达到更好效果。

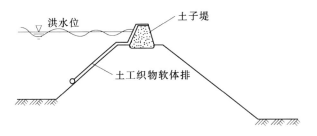

图 A.1-5 土工织物土子坝示意图

A.2 坝顶（坡）防护

A.2.1 当水库出现洪水漫顶险情时，本条强调在确保抢险人员安全的前提下，继续采取拓挖泄洪设施、降低溢流堰、坝顶修筑子坝、坝顶及下游坝面构筑临时溢流设施等措施。漫溢险情的抢护应以预防为主，土石坝漫溢抢修应按"水涨坝高"原则，在坝顶修筑子坝，抢筑子坝必须全线同步施工，不得留有缺口。

A.2.2 当未能及时在坝顶抢筑子坝时，为防止过坝水流冲刷破坏，可在坝顶铺设柳料（图 A.2-1）、土工织物等防冲材料防护。在铺设土工织物护顶时，用木桩将土工织物固定于坝顶，木桩数量视具体情况而定，一般行间距 3m。为使土工织物与坝顶结合严密，不被风浪掀起，可在其上铺压土袋一层。

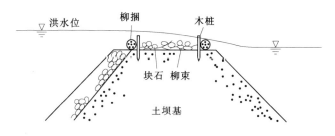

图 A. 2-1　柳料护顶示意图

附录 B　小型水库等级与洪水标准

　　SL 252 与 GB 50201 对小型水库的工程等别、建筑物级别和洪水标准作出的规定是一致的，见表 B。

表 B　　　　　小型水库工程等别、建筑物级别和洪水标准

水库总库容/万 m³	工程规模	工程等别	永久建筑物级别	洪水标准［重现期（年）］					
				山区、丘陵区				平原区、滨海区	
				设计	校核			设计	校核
					混凝土坝，浆砌石坝	土石坝			
100～1000	小（1）型	Ⅳ	4	50～30	500～200	1000～300		20～10	100～50
10～100	小（2）型	Ⅴ	5	30～20	200～100	300～200		10	50～20

附录 C　坝基渗漏处置措施

C. 1　排水减压井（沟）

　　C. 1. 1　对于小型水库土石坝坝基常遇到单一透水地基或多层地基的表面黏性土层较薄时，即对于双层地基、弱透水层厚度不能满足承压水头作用下的稳定要求时，一般在坝脚下游附近设排水沟，用以排水减压。

　　C. 1. 2　按排水沟深入透水层深度分为浅沟、不完整沟、完整沟三种。其中浅沟是指将覆盖层挖穿从沟底进水的沟，见图 C. 1-1 (a)；不完整沟是指深入部分透水层的沟，见图 C. 1-1 (b)；完整沟是指全部深入透水层的沟，见图 C. 1-1 (c)。当透水层较薄时浅沟能有效的排水减压；反之，当透水层较厚时，渗流常绕过沟底流向下游，达不到减压效果，这种情况则采用伸到透

水层中的完整减压沟。

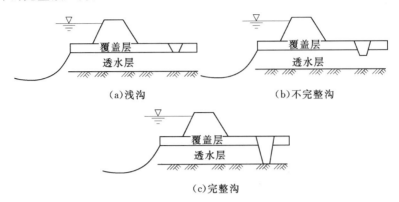

图 C.1-1 排水沟深入透水层不同深度的示意图

C.1.3 按排水沟形状可分矩形、梯形、半圆形 3 种，详见图 C.1-2。

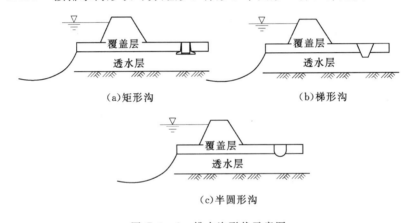

图 C.1-2 排水沟形状示意图

C.2 滤层压（铺）盖

C.2.1 滤层压（铺）盖适用于渗水量较小、渗透流速较小的管涌，或普遍渗水的地区。

C.2.2 抢筑前，先清理铺设范围内的软泥和杂物，对其中涌水带沙较严重的管涌出口，用块石或砖块抛填，以消杀水势；在出现管涌有范围内，分层铺填透水性良好的滤料，制止地基土颗粒流失，如图 C.2-1 所示。

C.2.3 根据所用滤料不同，分为砂石滤层铺盖、土工织物滤层铺盖、梢料滤层铺盖等；滤层顶部压盖保护层。

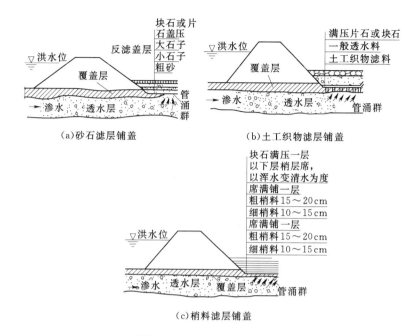

图 C.2－1 滤层压盖示意图

C.3 滤 层 围 井

C.3.1 严重的管涌险情抢护应以滤层围井为主，并优先选用砂石滤层围井和土工织物滤层围井，辅以其他措施，见图 C.3－1。

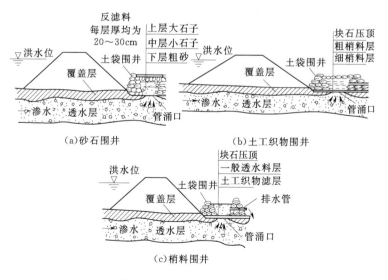

图 C.3－1 围井导渗示意图

C.3.2 在管涌口处用编织袋或麻袋装土抢筑围井，井内同步铺填滤料，从而制止涌水带砂。当管涌口很小时，也可用无底水桶或汽油桶做围井，此法一般适用于背河地面或洼地坑塘出现数目不多和面积较小的管涌，以及数目虽多但未连成大面积，可分片处理的管涌群。对位于水下的管涌，当水深较浅时，也可采用此法。

C.4 水 下 导 滤 堆

C.4.1 当坝后管涌口附近积水较深，难以形成围井的，可采用水下抛填导滤堆的办法。如管涌严重，可先填块石以消杀水势，然后从水上向管涌口处分层倾倒砂石料，使管涌处形成导滤堆，使沙粒不再带出，以控制险情发展。这种方法用砂石较多，亦可用土袋做成水下围井，以节省砂石滤料。

C.5 背水围堰（月坝）

C.5.1 当背水坝脚附近出现分布范围较大的管涌群险情时，可在出险范围外抢筑围堰，截蓄涌水，抬高水位，然后安设排水管将余水排出，如图C.5-1所示。

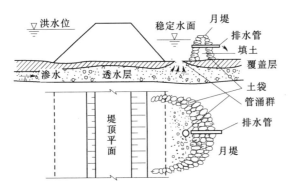

图 C.5-1 背水围堰（月坝）示意图

C.5.2 围堰可随水位升高而加高，直到险情稳定为止，高度一般不超过2m。

附录 D 坝体渗漏处置措施

D.1 上游坝坡防渗处理

D.1.1 对坝前水深较浅、黏性土料缺乏的土石坝，若上游坡相对平整和无明显障碍，可采用土工膜截渗，见图D.1-1。

D.1.2 若黏性土料充足可在上游坡抛黏土（袋）修筑前戗截渗，见图

D. 1 - 2。

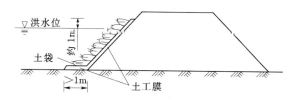

图 D. 1 - 1　土工膜截渗示意图

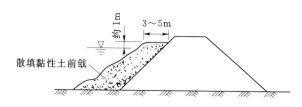

图 D. 1 - 2　抛黏性土截渗示意图

D. 2　下游坝坡导渗沟处理

D. 2. 1　对下游坡大面积散浸，但无脱坡或渗水变浑情况，在上游坡迅速做截渗有困难时，可在下游坡开挖导渗沟，铺设滤料、土工织物或透水软管等导渗排水。

D. 2. 2　土石坝下游坝坡导渗沟开挖高度，应达到或略高于渗水出逸点位置。开沟后若排水仍不显著，可增加竖沟或加开斜沟。施工时宜采用一次挖沟 2～3m 后，即回填滤料，再施工邻近一段，直至形成连续导渗沟。人字沟应用广泛，效果最好，Y 字沟次之，排水纵沟应与附近原有排水沟渠连通。各导渗沟开沟形式见图 D. 2 - 1。

D. 2. 3　导渗沟可采用砂石导渗沟、土工织物导渗沟、梢料导渗沟。导渗沟具体尺寸和间距宜根据渗水程度和土壤性质确定，一般沟深不小于 0.3m，底宽不小于 0.2m，竖沟间距 4～8m。

D. 2. 4　砂石导渗沟内按滤层要求分层填筑粗砂、小石子、大石子，小石子的粒径为 0.5～2.0cm，大石子直径 4～10cm，滤料填筑下细上粗、两侧细中间粗、上下分层排列、两侧分层包住，每层厚大于 15cm。

D. 2. 5　土工织物导渗沟内应选择符合滤层要求的土工织物，沟内应填满粗砂、石子、砖渣等一般透水料。土工织物长度尺寸不足时，可搭接，搭接宽度不小于 20cm。

D. 2. 6　紧急情况下，也可用土工织物包梢料捆成枕放在沟内，其上应铺盖土料保护层。透水软管导渗沟内铺设渗水软管，渗水软管四周应充填粗砂。

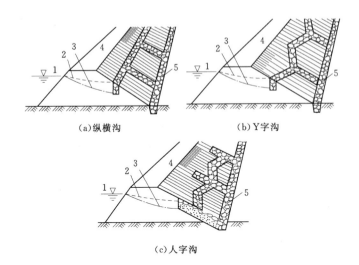

图 D.2-1 导渗沟开沟示意图

1—洪水位；2—开沟前浸润线；3—开沟后浸润线；4—坝顶；5—排水纵沟

D.2.7 导渗沟内透水料铺好后，宜在其上铺盖草袋、席片或麦秸、稻草，并压上土袋、块石。

D.3 下游坡滤层导渗法

D.3.1 若坝体透水性较强，下游坡土体过于松软；或坝体断面小，经开挖试验，采用导渗沟有困难，且滤料丰富，可采用滤层导渗法抢护，下游坡滤层导渗法见图 D.3-1。

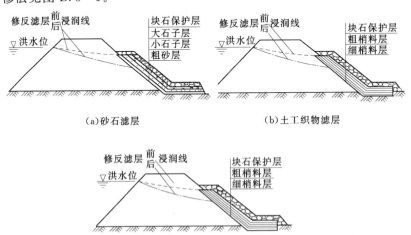

图 D.3-1 下游坡滤层导渗法

D.4 透 水 后 戗

D.4.1 此法适用于坝休断面单薄，渗水严重，滩地狭窄，背水坝坡较陡或背河坝脚有潭坑、池塘的坝体。当下游坡发生严重渗水时，修筑砂土透水后戗或梢土后戗，见图 D.4-1。

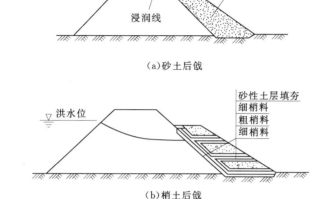

(a)砂土后戗

(b)梢土后戗

图 D.4-1 下游坡透水后戗

D.4.2 砂土后戗采用比坝体透水性大的砂土填筑，并分层夯实。一般高出浸润线出逸点 0.5～1.0m，顶宽 2～4m，戗坡 1∶3～1∶5，长度超过渗水坝体两端至少 3m。砂土缺乏时，可用梢土代替沙砾，筑成梢土压浸平台。梢土压渗平台厚度为 1.0～1.5m。贴坡段及水平段梢料均为 3 层，中间层粗，上、下两层细。

D.5 跌窝（陷坑）处理

D.5.1 跌窝形成的可能原因有三方面：一是坝体或基础内有空洞，如獾、狐、鼠、蚁等害坝动物洞穴，树根、历史抢险遗留的梢料、木材等植物腐烂洞穴等。二是坝体质量差。筑坝施工过程中，清基处理不彻底，分段接头部位处理不当，土块架空、回填碾压不实，坝体填筑料混杂，穿坝建筑物破坏或土石结合部渗水。三是由渗透破坏引起。大坝渗水、管涌、接触冲刷、漏洞等险情未能及时发现和处理，或处理不当，造成坝体内部淘刷，随着渗透破坏的发展扩大，发生土体塌陷导致跌窝。

D.5.2 在条件允许的情况下尽可能采用翻挖，分层填土夯实的办法做彻底处理；如跌窝伴随渗透破坏（渗水、管涌、漏洞等），可采用填筑反滤导渗材料的办法处理；若跌窝伴随滑坡，应按照抢护滑坡的方法进行处理；若跌窝在水下较深时，可采取临时性填土措施处理。跌窝抢险方法及适应性见表D.5-1。

表 D.5-1 跌窝险情抢险方法及其适应性

抢护措施	适用情况
1. 翻填夯实	未伴随渗透破坏
2. 填塞封堵	临水坡水下较深部位
3. 填筑反滤料，铺设反滤层	伴随有渗水、管涌险情

1 翻填夯实

先将坑内松土翻出，分层填土夯实，直到填满。如跌窝出现在水下且水不太深时，可修土袋围堰或桩柳围堰，将水抽干后，再行翻筑。如位于坝顶或临水坡，宜用防渗性能不小于原坝土的土料，以利防渗；如位于下游坡，宜用透水性能不小于原坝土的土料，以利排水。翻填夯实跌窝示意图见图D.5-1。

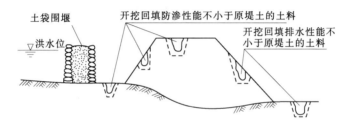

图 D.5-1 翻填夯实跌窝示意图

2 填塞封堵

当跌窝出现在水下时，可用草袋、麻袋或土工编织袋装黏性土或其他不透水材料直接在水下填实，待全部填满后再抛黏性土、散土加以封堵和帮宽，见图 D.5-2。要封堵严密，使水无法在跌窝处形成渗水通道。

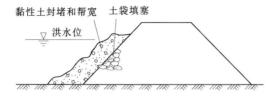

图 D.5-2 填塞封堵跌窝示意图

3 填筑滤料

当跌窝发生在大坝下游坡，伴随发生渗水或漏洞险情时，除尽快对大坝上游坡渗漏通道进行截堵外，对不宜直接翻筑的背水跌窝，可采用填筑滤料法抢护，填筑滤料法抢护跌窝示意图见图 D.5-3。先清除跌窝内松土或湿软土，然后用粗砂填实，如涌水水势严重，按背水导渗要求，加填石子、块石、砖块、梢料等透水材料，以消杀水势，再予填实。待跌窝填满后，可按砂石滤层铺设方法抢护。

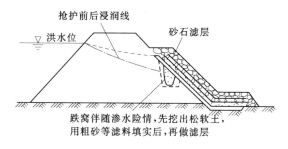

图 D.5-3 填筑滤料抢护跌窝示意图

附录 E 震损结构补强加固措施

E.1 粘 贴 法 加 固

E.1.1 该法采用双组分环氧树脂粘接剂把钢板或其他钢质件粘贴在混凝土表面，并构成一个混凝土、粘接、钢三相复合物系统。

E.1.2 由于粘钢加固结合面的粘接强度主要取决于混凝土强度，被加固构件混凝土强度等级不应低于 C15。粘接钢板厚度主要根据结合面混凝土强度、钢板锚固长度及施工要求而定。钢板的锚固长度，对于受拉锚固，不得小于 200 倍钢板厚度，同时不得小于 600mm；对于受压锚固，不得小于 160 倍钢板厚度，亦不得小于 480mm。

E.1.3 对于大跨度或可能承受反复荷载的结构，锚固区应增设固定螺栓或 U 形箍板等附加锚固措施。

E.1.4 为了延缓黏结剂的老化，防止钢板锈蚀，钢板及其邻接的混凝土表面应进行密封防水防腐处理。简单有效的处理办法是用 M15 水泥砂浆或聚合物防水砂浆抹面，其厚度，对于梁不应小于 20mm，对于板不应小于 15mm。

E.1.5 外贴玻璃钢加固法原理与粘贴钢板加固基本相同。复合增强材料主要有碳纤维布及高性能玻璃纤维布。玻璃钢就是用玻璃纤维与环氧树脂分层粘贴于拟加固的老混凝土构件表面。由于玻璃钢的弹性模量与抗拉强度均比钢材低，因此被加固构件的承载力与刚度提高的效果不及粘贴钢板加固，但其防腐蚀性能比钢材好。外贴碳纤维是利用碳纤维复合增强塑料（CFRP）良好的抗拉强度达到增强构件承载能力及刚度的目的。

E.2 锚 固

E.2.1 预应力锚固技术是利用预应力筋束（钢丝、钢绞线或精轧螺纹钢）将结构物或不稳定岩体锚固在深层稳定的岩体或大体积混凝土块体内，用于加固坝基岩体稳定和提高混凝土坝体的主动压力，以提高坝体抗滑和抗裂性能。锚索体系包括预应力锚索材料、内锚固段和外锚头三部分。

E.2.2 预应力锚索材料有高强钢丝、钢绞线和精扎螺纹钢筋。钢筋锚杆的锈蚀老化会使得杆体截面变小，应力加大，变形增大，而玻璃纤维增强聚合物（GFRP）筋抗拉强度大、耐腐蚀性强、性价比高，因而，采用 GFRP 筋代替钢筋作为锚杆近期发展得到迅速发展。

E.2.3 内锚固段分胶结式和机械式。机械式锚固段是靠外夹片同孔壁的咬合与摩擦实现锚固，具有施工简便、可实现快速张拉的优点。但锚固段部位岩体一旦破坏，锚索的张拉力就无法再施加；另一方面，锚固段尺寸有限，孔壁的咬合力与摩擦力不可能太高。胶结式锚固段的优点是适用于各种岩体，只要锚固段有足够的长度，即可提供较大的锚固力。外锚头包括混凝土垫墩、钢垫板、限位板和锚夹具。

E.2.4 预应力锚索施工大致由钻孔、编索、灌浆、预应力张拉、封锚五大部分组成（图 E.2-1）。

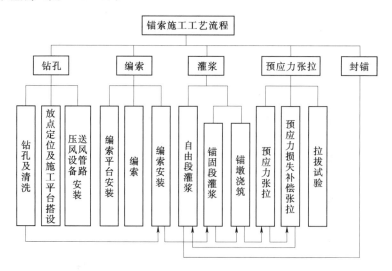

图 E.2-1 锚固施工工艺流程图

E.3　SRAP 加固工艺

E.3.1　该项技术是对老化的混凝土建筑物用 SR 加固材料施加预应力，使结构产生弯矩，然后再用 AP 多功能复合干砂浆（AP 砂浆）进行覆盖，恢复其性能，增强强度的工艺（称作 SRAP 工艺）（图 E.3-1），能同时满足混凝土结构的修补及加固目的。

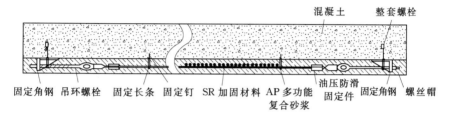

图 E.3-1　SRAP 工艺示意图

附录4 小型水库管理基本制度

一、工程巡视检查制度

1. 工程巡视检查分为日常巡视检查、年度巡视检查和特别巡视检查三类，其中年度和特别巡视检查结束后，需提交检查报告。

2. 工程巡视检查对象为水库大坝坝体、坝基、坝区、溢洪闸（道）、输、泄水洞（管）、闸门及启闭机、库区以及观测、通信、照明、安全防护、防雷设施、管理标志标牌、防汛道路等。

3. 日常巡视检查：由水库管理单位职能科室负责人组织相关管理人员每月进行不少于1～3次的日常巡视检查。汛期、高水位、工程出现险情或不安全征兆等特殊情况时，应增加频次。

4. 年度巡视检查：由水库管理单位技术负责人及相关技术人员组成检查小组，在每年汛前、汛后分别对水库大坝进行一次全面检查。

（1）汛前检查，重点检查溢洪闸闸门试运、备用发电机试车、泄水洞（管）闸门启闭灵活度、防汛备料和器材库、抢险公路、通信设备、报警设备、溢洪河道等。

（2）汛后检查，主要是检查了解主体工程、重要设施等变化情况，并提出各下一年度的岁修计划。

（3）汛前、汛后检查情况以书面形式上报上级主管部门。

5. 特别检查：在水库遇暴雨、大洪水、强热带风暴、有感地震等情况，发生较严重破坏现象或出现险情时，水库管理单位除加强巡视检查外，配合主管部门做好特别检查工作。

6. 每次巡视检查均应作出记录，如发现异常现象，除应详细记述时间、部位、险情和绘出草图外，必要时应测图、摄影或录像。此外应立即采取应急措施，同时上报主管部门。各种巡视检查的记录、图件和报告等均要作为技术档案进行存档。

二、工程监测制度

1. 根据水库工程等级、规模、结构型式和工程具体情况等确定工程观测项目。工程观测项目一般包括：变形监测、渗流监测、压力（应力）监测、水文及气象观测等。

2. 观测时间和测次：各观测项目测次按技术规范要求执行。水库运行期，水平垂直位移监测每年 2 次，汛前、汛后各一次；渗流量监测每月 2～4 次；扬压力监测每月 2～4 次。工程设置的自动监测项目，按相关规定执行。如遇特殊情况（如高水位、库水位骤变、特大暴雨、强地震等）和工程出现不安全征兆时，应增加测次。根据实际状况，需减少测次、项目或停测时，应报上级主管部门批准。

3. 现场观测要求做到"四随"（随观测、随记录、随计算、随校核）、"四无"（无缺测、无漏测、无不符合精度、无违时）、"四固定"（人员固定、设备固定、测次固定、时间固定），以提高观测精度和效率。每次观测任务完成后，应及时对观测资料进行整理、校核、审查。

4. 工程观测工作由单位相应职能科室负责组织开展。

5. 监测资料的整编与分析。

每年汛前，完成上一年度监测资料整编工作。整编内容如下：

（1）检查各工程观测项目是否齐全、方法是否合理、数据是否可靠、精度是否符合要求、图表是否齐全、说明是否完备。

（2）对所填的各种表格进行校核，检查数据有无错误、遗漏。

（3）对所绘的曲线图逐点进行校核，分析曲线是否合理，点绘有无错误。

（4）根据统计图、表，检查和验证初步分析是否正确。

（5）监测资料整编完成后，应提交资料成果分析报告。

6. 监测资料整编、分析成果应建档保存并适时刊印。

三、工程维修养护制度

1. 维修规模的界定

（1）岁修：根据大坝运行中所发生的和巡视检查所发现的工程损坏和问题，每年进行必要的修理和局部改善。

（2）大修：工程发生较大损坏，修复工程量大、技术性较复杂的工程问题，或经临时抢修未作永久性处理的工程险情、工程量大的整修工程。

（3）抢修：当突然发生危及大坝安全的各种险情时，必须立即进行抢修。

2. 工程报批程序

（1）岁修工程项目：应由水库提出岁修计划，报上级主管部门审批；岁修计划经主管部门审批后，方可组织工程项目的施工。

（2）大修工程项目：应由水库提出大修工程的可行性研究报告，向上级主管部门申报立项，经审批后，根据批准的工程项目组织设计和施工。

（3）大修工程项目的设计承担单位，应由具有相应资质等级的科研设计单位进行。

（4）无论是经常性的养护维修，还是岁修、大修或抢修，均以恢复或局部改善原有结构为原则，如需扩建、改建、加固时，均应列入基本建设计划，按基建程序报批后进行。

3. 施工管理

（1）岁修工程的实施应由具有相应技术力量的施工队伍承担；水库若具有相应技术力量，也可自行承担，但必须明确工程项目负责人，建立质量保证体系，严格执行各项质量标准和工艺，确保工程施工质量。

（2）大修工程的实施应由具有相应施工资质的施工单位承担，并应按照有关建设管理程序进行。

（3）凡涉及安全度汛的修理工程应在汛前完成；汛前完成有困难的，应采取施工期临时安全度汛措施。

（4）工程完工后，收集整理验收资料，做好验收工作。

四、水库大坝白蚁及其他动物危害防治制度

1. 水库大坝病虫害防治工作坚持以防为主、防治结合、因地制宜、综合治理的方针；坚持常年查找、及时灭杀、隐患处理相结合原则。

2. 管理单位年初应编制全年防治工作计划，并做好检查、防治和隐患处理工作。

3. 管理单位应根据水库大坝病虫害防治情况，配备相应数量的固定防治人员，开展白蚁及其他动物危害防治工作。

4. 白蚁普查和防治

（1）检查范围：蚁患区为坝体及其护坝地，坝两端向外 30m；蚁源区为蚁患区向外延伸 500m。

（2）按白蚁活动规律确定检查时间和次数要求。

（3）按水库白蚁活动情况确定检查方法和要求。

（4）按照普查的结果，根据白蚁危害程度及特点，选择合适的防治方法。

（5）白蚁防治人员在各治蚁段必须认真做好本阶段白蚁活动及防治情况统计、数据汇总，并报告管理单位。

（6）达到蚁害基本控制标准的，应按规定及时组织验收及复核验收。

5. 其他动物（鼠、狐、獾等）危害的防治

（1）可设置笼、铁夹、竹弓、陷阱等进行人工捕杀，或诱其吞食拌有药物（有机磷农药和磷化锌鼠药）的食物致其中毒死亡。

（2）对狐、獾等较大的害坝动物，可采用人工开挖洞穴驱赶或追捕。

（3）采用锥探灌浆法将拌有农药的黏土浆液灌入巢穴内，驱赶或堵死动物。

（4）采取开挖回填或灌浆堵塞等方法对留在坝体内的洞穴进行处理。

五、闸门、启闭机操作规程

1. 闸门、启闭机操作人员必须严格按照批准的水库调度运用方案和操作指令进行操作，不得接受任何其他部门和个人的指令。

2. 闸门操作运用应符合下列要求：

（1）当初始开闸或较大幅度增加流量时，应采取分次开启的方法，使过闸流量与下游水位相适应。

（2）闸门开启高度应避免处于发生振动的位置。

（3）过闸水流应保持平稳，避免发生集中水流、折冲水流、回流、漩涡等不利流态。

（4）关闸或减少泄洪流量时，应避免下游河道水位降落过快。

（5）输水涵洞应避免洞内长时间处于明满流交替状态。

3. 闸门开启前应做好如下准备工作：

（1）检查闸门启闭状态有无卡阻。

（2）检查启闭设备是否符合安全运行要求。

（3）检查闸下溢洪道及下游河道有无阻水障碍。

（4）及时通知下游。

4. 闸门操作时应遵守下列规定：

（1）多孔闸闸门应按设计提供的启闭要求进行操作运用，一般应同时分级均匀启闭，不能同时启闭的，开闸时应先中间、后两边，由中间向两边依次对称开启；关闸时应先两边、后中间，由两边向中间依次对称关闭。

（2）两台启闭机控制一扇闸门时，应保持同步；一台启闭机控制多扇闸门时，闸门开高应保持相同。

（3）操作过程中，要时刻注意各启闭设备的相关表显数据，必须保持在允许范围内，如发现表显数据超过允许范围或发现闸门有沉重、停滞、卡阻、杂声等异常现象，应立即停止运行，并进行检查处理，待问题排除后方能继续操作。

（4）操作过程中，须安排 2 人或 2 人以上操作人员，一人操作，另一人监护。

（5）闸门启闭时应密切注意运行方向，如需改变运行方向，则应先停机，再换向。

5. 闸门启闭结束后，操作人员应校对闸门开度，观察上、下游水位及流态，切断电源，同时做好闸门启闭运行记录。

6. 采用计算机自动监控的闸门，应根据工程具体情况，制定相应的操作和管理规程。

7. 水库管理单位应根据闸门的特性建立闸门应急操作设备及规程，以防止防汛期间闸门因故障无法启闭。

六、备用电源操作规程

1. 开机前准备

（1）检查柴油机、发电机、控制柜是否正常。

（2）检查冷却水、机油、柴油是否满足使用要求。

（3）检查控制柜空气开关是否处于关闭位置，电压调节电阻是否放在最大位置。

（4）检查无异常或检查发现故障消除后，方可进行试机。

2. 发电机组投运

（1）柴油机应在 3s 内正常启动，然后低速暖车 20min 左右。

（2）观察柴油机各仪表是否正常，机油油压应满足柴油机功率要求。

（3）调整柴油机至额定转速，调整电压至额定值和频率。

（4）合上控制柜空气开关，逐步增加负荷。

（5）做好运行记录和巡视工作。

3. 停机

（1）逐渐减少负荷。

（2）分离控制柜空气开关。

（3）逐渐降低柴油机转速并低速运行 10min 左右。

（4）机组停车，检查清理电机、柴油机线路是否有氧化、松动、表面渗油等，以备下次开车。

（5）备用电源至少每月试机一次，启动电源电瓶必须每月充放电一次。

七、安全生产操作规程

小型水库应制定安全生产操作规程，并要求各类操作员按照规程开展工作。对违反安全生产制度和操作规程造成事故的责任者，要给予严肃处理。在进行工程检查观测，养护修理和使用机械、动力、电气等设备时，操作人员必须严格遵守操作规程，应特别注意以下各点：

1. 在进水塔、输水洞、廊道和竖井等部位进行维修工作，要认真检查通风、排气、照明和起吊等安全设备是否齐备良好。凡水库输水断面较小、久未放水，进洞工作前，要求先放水冲洗。无放水条件的，则需做好通风工作，然后进洞操作。

2. 凡水库输水洞断面较小，又久未防水的，进洞工作前，应先放水冲洗。无放水条件的，则需做好通风工作，然后进洞操作。

3. 凡进行水下作业的，必须检查潜水和通信等设备是否良好。泄流时不得在泄流建筑物进水口附近工作。当放水设备的闸门严重漏水，派潜水人员检修时要有特别安全防护措施。

4. 水库管理单位的船只，必须由专人驾驶，要备有救生设备；除特殊情况外，大风、大雾时不准航行；严禁超载，严禁在泄水建筑物附近行驶。

5. 易燃、易爆、有毒、有放射性等危险品，应设专门仓库保管，仓库要远离重要建筑物、设备和生活区。

6. 在建筑物附近，严禁爆破和一切危及工程安全的活动。严禁在库区内炸鱼、毒鱼和滥用电力捕鱼。

7. 关系到人身安全的工程部位，应设置安全防护栏、照明、防火、避雷、绝缘设备等安装防护装置，以及护栏、爬梯、保险绳、安全带、救生衣、安全鞋帽等安全防火用品。这些安全防护设备、用品要定期检查，经常维护，保持其防护性能。

八、工程资料归档制度

1. 归档范围

凡是在当前和今后具有查考、依据作用的技术文件材料，都应划入归档范围，包括以下主要内容：

（1）上级机关的指示、决议、通知、通报等文件，本单位的请示、决议、防汛抗灾总结，重要电报、电话记录等。

（2）工程运行管理中形成的调度运用计划、运行记录、年报表、各种巡查观测汇编资料等。

（3）日常养护、防汛岁修、除险加固计划、设计文件、施工记录、验收资料、总结报告等。

2. 归档时间

根据技术文件材料形成过程的特点，一般分为随时和定期两种：

（1）在一项工程结束后归档。

（2）按阶段归档，如水文、观测资料。

（3）按年度归档，如运行管理和调度形成的技术文件资料，水情工情记载等。

（4）随时归档，如专业性会议，应在会议结束后及时归档。设备仪器图纸，说明书等，在购回验收后归档。

3. 归档份数，一般归档两份（一份底稿，一份复制件）。但重要和使用频繁的技术文件材料，可保留多份。

4. 归档要求和手续

（1）归档工作由各业务技术人员承担，任务结束后，及时将归档的文件材料收集齐全，核对准确，向档案室或其他相关部门和人员移交。

（2）凡归档的技术文件材料，应当字迹清晰、耐久、签署完备，不应用铅笔、圆珠笔和复写纸书写。

5. 鉴定技术档案的保存期限

确定档案资料的保存期限、销毁失去利用价值的档案时，应进行认真甄别鉴定。技术档案的管理期限分为永久、长期、定期三种。确定保存期限的原则是：

（1）凡是在反映本工程运行管理活动、经验总结等方面具有长远价值的技术档案，应列为永久保存。

（2）凡在较长时间内具有利用价值的应列为长期保存。

（3）凡短期内有参考价值的，列为定期保存。

销毁失去价值的档案时，应由领导、专业人员组成鉴定小组进行签字确认后，方可销毁。

附录5 水库检查观测记录表

每次巡视检查可按表5.1～表5.5作出记录。记录内容力求翔实，字迹清楚、端正，严禁杜撰、随意涂改，记录日期一律用公历。

表 5.1   水 库 大 坝 检 查 表

日期：   年   月   日   库水位：   m   天气：

项目		检查情况	初步分析意见	备 注
坝体	坝体			有无裂缝、渗漏、滑坡、塌坑、隆起、冲沟等。有无生物洞穴等隐患，如白蚁、老鼠、蛇等动物在坝体内打洞、筑巢等
	坝坡			如护坡破坏、裂缝、剥蚀等，如护坡破坏、松软、脱落、剥蚀、裂缝、渗漏、杂草生长、膨胀、溶蚀、钙质离析、冻融破坏等
	坝顶（含防浪墙）			如坝顶及防浪墙裂缝、错动；坝体变形、相邻两坝段之间不均匀沉降；伸缩缝开合情况、坝段止水破坏或失效等
	排水设施			
	其他（如廊道）			
坝基	左右坝肩			如绕渗、位移、滑坡、溶蚀等
	下游坝脚			如渗漏、渗漏水颜色和浑浊度、坝基冲刷、淘刷等
	坝体与建筑物连接处			如接合处位移、脱离；渗流等
	其他			

检查人签字：   负责人签字：

表 5.2　　　　　　　　　　　溢 洪 道 检 查 表

日期：　　年　　月　　日　　　　　库水位：　　　m　　　　　天气：

项目	检查情况	初步分析意见	备　注
闸门			如锈蚀、变形、裂缝、焊缝开裂、油漆剥落、钢丝绳锈蚀、磨损、断裂、止水损坏、老化、漏水、闸门振动、空蚀等
启闭机			如变形、裂纹、螺钉松动、焊缝开裂、锈蚀、润滑、磨损、电、油、水系统故障、操作运行故障等
溢流堰			如裂缝、变形、剥蚀等
闸室、闸墩、导墙			如裂缝、变形、剥蚀等
泄洪洞			如裂缝、变形、剥蚀等
消能设施			如护坦、鼻坎、边墙破坏，下游淘刷等
工作桥、排架			如剥蚀、漏筋、裂缝等
尾水渠			
其他			

检查人签字：　　　　　　　　　　负责人签字：

表 5.3　　　　　　　　　　　输 水 涵 管 检 查 表

日期：　　年　　月　　日　　　　　库水位：　　　m　　　　　天气：

项目	检查情况	初步分析意见	备　注
闸门			如锈蚀、变形、裂缝、焊缝开裂、油漆剥落、钢丝绳锈蚀、磨损、断裂、止水损坏、老化、漏水、闸门振动、空蚀等
启闭机			如变形、裂纹、螺（铆）钉松动、焊缝开裂、锈蚀、润滑、磨损、电、油、水系统故障、操作运行故障等
管身			如裂缝、断裂、错动、渗水、堵塞等
其他（如进口处、出口处）			

检查人签字：　　　　　　　　　　负责人签字：

表 5.4　　　　　　　　　**水 库 近 坝 区 检 查 表**

日期：　　年　　月　　日　　　　　库水位：　　　m　　　　　天气：

项目	检查情况	初步分析意见	项目	检查情况	初步分析意见
一、水库			附近地区渗水坑		
近坝区水面漩涡			附近地区建筑物、公路沉陷		
冒泡			三、塌岸、滑坡		
库区渗漏			四、界碑、界桩		
二、近坝库区			五、其他		

检查人签字：　　　　　　　　　　负责人签字：

表 5.5　　　　　　　　　**管 理 设 施 检 查**

日期：　　年　　月　　日　　　　　库水位：　　　m　　　　　天气：

项目	检查情况	初步分析意见	备　　注
防汛物资储备及管理			
防汛道路			
备用电源			
通信设施			
预警预报设施			
防汛车（船）			
管理房			
其他			

检查人签字：　　　　　　　　　　负责人签字：

附录6 小型水库抢险案例

案例1：坝体漏水险情抢护

1. 工程概况与险情

某水库位于东南沿海地区。水库集雨面积0.9km²，总库容13万m³，正常蓄水位库容10万m³，是一座以灌溉为主的小（2）型水库。大坝为黏土心墙坝，最大坝高21.5m，坝顶高程499.5m，坝长77m，坝顶宽4m，上、下游干砌块石护坡，上游坝坡分二级，坡比为1：2.4和1：2.24，下游坡分三级，分别为1：1.75、1：2和1：1.5的排水棱体（高2.3m）；左侧坝体坝高仅7m，上游坡为1：1.05，下游坡为1：1.5。溢洪道位于大坝右侧，为开敞式正槽溢洪道，宽顶堰，堰宽14.0m，顶高程496.5m。

大坝始建于1969年，1970年建成坝高为13.2m的山塘水库，1974年加高大坝至21.5m，因当时为了抢进度，造成坝体单薄，填筑质量差，并有一根ϕ10cm瓷质废弃涵管埋于坝内，进口高程约492.5m，出口高程491.8m。1999年"9.4"洪灾后，大坝背水坡有鼓出现象，被列为病险水库，要求空库运行。

2004年第14号台风"云娜"和18号台风"艾利"接踵而至，先后连降暴雨。2004年8月25日下午，水库管理员在巡查中，发现坝体漏水量明显加大，背水坡出现塌陷现象。至当晚11时，库水位497.0m，距坝顶2.5m，溢洪道溢流水深约0.5m。大坝背水坡一级马道附近塌坑加大，范围约1.2m²，深0.35m，同时左坝头坝顶下约7.5m处出现一塌坑，范围约1.5m²，深度0.6m；而且上下塌坑间的背水坡护面砌石有凹陷现象，马道下塌坑以下2m处周边坝坡有较大漏水和管涌现象，出流量约0.05m³/s，出水略浑浊，有土颗粒带出，背水坡与左岸山坡交接处486.0m高程附近漏水量也有所加大，出流量约0.06m³/s，现场技术人员分析认为，该水库坝体存在较大漏水通道，局部防渗体已贯穿，水库存在溃坝危险。大坝漏水点及塌坑平面示意图1。

2. 出险原因

从大坝下游坡出现的两个塌坑及坝体开挖情况分析，导致水库险情的原因如下：

（1）坝体填筑质量差。1974年坝体加高施工时，因突击抢进度，坝体填筑质量差，越往上部质量越差。在左坝头防渗体中夹有碎石渗透层，而防渗体与下游侧石渣体间未设反滤层，在高水位状态下，渗透比降加大，渗透流速加大，带走了土颗粒，导致防渗体与石渣体接触部位产生渗透破坏，土颗粒不断

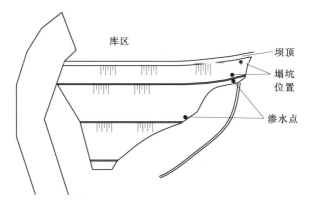

图 1　大坝漏水点及塌坑平面示意图

流失，渗漏通道逐步加大，久而久之，逐渐形成空洞，致使上部部分渣体崩塌，形成塌坑。

（2）坝体中有废弃的涵管，封堵不严。现场发现，涵管内有水流流出，涵管的出口在大坝扩坡加固后被封于下游坝体附近的防渗体内，在高水位状态下，因无反滤保护，土颗粒逐渐被带走，形成空洞，使上部坝体塌落，形成塌坑，这是左坝头下部塌坑形成的原因。

3. 抢险过程

（1）2004 年 8 月 25 日下午发现险情后，立即引起省、市、县政府及水利部门等高度重视，当晚 7：40 和 11：00 由当地县长和地区市水利局长分别带技术人员到达现场，鉴于险情的严重性，经请示省市防办后，现场市县领导决定，立即启动水库安全应急预案，紧急转移下游北岙村 1400 人至安全地带，并组织人员在大坝现场严密监视，决定对水库采取坝体开挖，强行放水，降低库水位的紧急措施。

（2）现场成立了由所在镇镇长和县水利局副局长等组成的抢险指挥部，省、市、县技术人员负责现场技术决策和施工把关，抢险队伍由 40 多名武警官兵和 60 多名村民组成。8 月 26 日上午 6：00 启动坝体开挖排水，降低库水位方案，开挖排水掌握三个原则，一是将漏水通道挖除，二是将库容降至 4.5万 m³ 以内，三是坝体分层开挖，断面由小扩大，水位逐步下降。

考虑到漏水通道位置和下游坝脚冲刷情况，开挖范围选择在左坝端向右坝端延伸，分层开挖排水渠底宽 2m，深 1.0m 左右，泄流水位差控制在 0.5m 以内，表面用土工膜防冲刷，渠首土工膜深埋和压重保护。总断面为底宽 2m，顶宽 20m，边坡 1：1.5，挖深至 493.5m 高程。

坝体开挖自 26 日上午 6：00 开始，因人工施工进度缓慢，下午 1：00 和3：00 两台挖掘机进场后，开挖速度明显加快，至下午 4：30 排水渠开始出水，当时库水位 496.8m，随后连续不断开挖，共分层开挖 7 条排水渠。至 8 月 28 日上午 5：00，库水位降至 493.7m，同时坝下涵管继续放水。28 日下午 4：00，库水位降至 493.4m，库容在 5 万 m³ 以内，险情基本得到控制。

（3）为保证大坝开挖后能安全度汛，经研究决定，度汛标准为 10 年一遇，相应洪峰流量为 29.5m³/s，度汛排水渠底高程 493.5m，底宽 9m，顶宽 27.5m，两侧边坡 1：1.5（左侧上部 1：1），496m 处设 1m 宽马道，设计溢流水深 1.7m，排水渠渠首 7m 范围（高程 496m 马道及以下）采用现浇钢筋混凝土保护，其后连接土工膜加块石保护；混凝土厚 0.5m，并设 2m 深混凝土刺墙，其余开挖表面铺土工布后，砌块石或袋装砂砾石护面。考虑到时值汛期，抢护施工必须在 7 日内完成。

4. 结语

（1）坝内涵管是小型水库主要险情隐患之一。在废弃原坝内涵管时，设计与施工中必须高度重视，必须确保封堵质量，必须专项验收。本案例就是因废弃涵管封堵不严，处理不当造成漏水，引起下游坝坡出现渗漏与塌坑，险些酿成垮坝险情，给我们带来了极为深刻的教训。

（2）小型水库一般都没有放空设施，出现险情后，破坝放水，降低库水位是一种合适的抢险措施，但仅靠人力开挖，效率低下，效果欠佳。从本案例抢挖排水渠道情况看，百余人半天的工作量尚不及一台挖掘机十几分钟的效率。所以，小型水库抢险应尽量采用机械，相应地要修建上坝道路，以满足抢险机械进出和平时维修工作的需要。没有上坝道路的小型水库，应引起高度重视。

（3）本案例在水库险情发生后，根据险情的严重程度，启动了水库安全应急预案，紧急转移下游北岙村 1400 人至安全地带。因此，小型水库应按规定的要求，制定水库险情应急抢险预案，并不断地修改补充和完善。

案例 2：坝下涵管破裂险情抢险

1. 工程概况与险情

某水库位于华东丘陵地区，集雨面积 0.4km²，总库容 30 万 m³，正常库容 25 万 m³，均质土坝，坝高 9m，放水设施原为分级卧管，后改为启闭机。灌溉农田 800 多亩，下游有 4000 余人口和一座小学。水库始建于 1963 年，1967 年竣工。

2001 年 3 月 26 日上午，水库启闭机关闭后，放水涵管仍有大量库水外泄。下午 1：30 左右，放水涵管部位迎水坡发生塌陷，涵管出水浑浊，继而坝体出现裂缝，产生滑坡，大坝出现严重险情。

2. 出险原因与抢护措施

（1）出险原因。由于坝内涵管老化破裂，库水经坝体渗漏，从断裂处进入涵管并流出，随着漏水程度的加剧，坝体大量土颗粒被渗漏水带走，形成漏水通道，造成坝体塌陷，继而产生裂缝和滑坡。

（2）抢护过程。及时组织下游群众转移到安全地带，并实施交通封锁，确保群众生命安全。

2001 年 3 月 26 日下午，500 余人向涵管进口处投掷沙包，试图封堵漏洞，但库水深 5m 左右，沙包难以封住漏洞口，效果不佳，漏水量未减少。同时加固坝体，滑坡地段坝脚堆放大量砂石包，增加抗滑力。

2001 年 3 月 26 日晚上 10：00，进一步商量抢险措施，确定三种方案：

①继续投沙包，堵漏洞。②在涵管进口处设置三角形围堰阻水，以减少漏水量。③尽快降低库水位：一是采用抽水机抽水，二是在溢洪道上开槽排洪。经过 1h 的抢险，大量沙包投入仍不能封堵漏洞，仍有大量浑水从涵管外漏，投沙包无效。经过努力，在涵管进口处逐渐筑成三角围堰，当三角堰形成后，堰内的水被迅速排完（相当于突然关闭了隧洞的进口闸门），产生了较大的负压，部分涵管进口周边的土体，包括部分坝体，被吸入涵管内成泥浆排出，大坝出现局部塌方、滑坡，使大坝险情进一步加剧。后不得不破除围堰，以减缓突然断流产生的险情。由于水库现场无三相电源，且县里只有小型柴油发电机，安装少量抽水机抽水，效果不大。实施溢洪道开挖，由于溢洪道基岩为红砂岩，岩性较软，凿岩机造孔后实施爆破，破除方量较少，进展缓慢。

2001 年 3 月 26 日深夜经进一步商量讨论，决定实施大坝和溢洪道同时开槽泄洪，大坝开槽方案是一次性用挖掘机开挖底宽 2m，深 3m 的泄洪槽，槽内表土用土工膜覆盖防冲刷破坏；为控制泄流水位差在 0.3～0.5m 内，使泄流较为平缓，决定在泄洪槽头部留 0.5～0.8m 的土体暂不挖除，待泄洪槽开挖、保护工作完成后，再用挖土机挖除头部的土体，每次挖 0.3～0.5m，待泄流完成后，再开始下一次开挖，实施分步泄流。同时继续在溢洪道上实施开槽作业，最终形成大坝与溢洪道同时平稳泄流，达到降低库水位的目的。

3. 抢护效果

由于指挥得当，措施有力，险情于 2001 年 3 月 27 日（第二天）22：00得到基本控制，到 29 日（第四天）下午 3：00，库水位已降低 2m，库容从 25万 m^3 降到 8 万 m^3，险情排除，确保了大坝安全。

4. 结语

（1）受历史条件的限制，早期兴建的小型水库特别是小（2）型水库的放水设施采用坝下涵管，大多质量较差，已成为小型水库安全的一大隐患。该水库发生坝下涵管破裂险情的教训再次告诫我们，必须对坝下涵管进行改造，彻底消除隐患，确保水库安全。

（2）本案例表明，重大险情往往是由一种险情引发出多种险情的组合，本案例中，险情发生后，首先考虑是塞堵漏洞，效果不佳；后采用上游三角围堰，反而产生了新的险情；最后决定实施大坝和溢洪道同时开槽泄洪，降低库水位，抢险成功。说明水库抢险并不是一开始就有一个完整的方案，而是在不断分析研判的过程中逐步形成的，是集中了多数专家和领导智慧不断修订完善的过程。抢险措施虽是常规的抢险办法，但只要运用及时、得当，就会非常实用而有效。

（3）险情发生后，应设法迅速降低库水位，以减轻险情压力和抢险难度，但库水位的降低速度不宜太快，以不超过允许的骤降速度为宜，以防止险情的进一步恶化。库水位降低速度以多大为宜，本案例有记载。大坝上游面坝体为黏土，从 2001 年 3 月 26 日晚开挖溢洪道起，到 3 月 29 日下午 3：00 止库水位降低了 2m，平均每天库水位降低约 80cm。由于滑坡脚进行了加固，大坝上游面未出现新的滑动，这一库水位降落速度可供抢险时参考。

参 考 文 献

［1］ 中华人民共和国水法. 北京：中国水利水电出版社，2002.
［2］ 中华人民共和国防洪法. 北京：法律出版社，2009.
［3］ 中华人民共和国防汛条例. 北京：法律出版社，2005.
［4］ 水库大坝安全管理条例（中华人民共和国国务院令第 77 号）. 1991.
［5］ 国家突发公共事件总体应急预案. 北京：中国法制出版社，2006.
［6］ 国家防汛抗旱总指挥部办公室. 国家防汛抗旱应急预案. 2006.
［7］ 中华人民共和国水利部. 水库大坝安全管理应急预案编制导则（试行），2007.
［8］ 国家防汛抗旱总指挥部办公室. 水库防汛抢险应急预案编制大纲. 2006.
［9］ 中华人民共和国水利部. 水库大坝注册登记办法. 1997.
［10］ 中华人民共和国水利部. 水库大坝安全鉴定办法. 2003.
［11］ 中华人民共和国水利部. 综合利用水库调度通则. 1993.
［12］ 中华人民共和国水利部. 小型水库安全管理办法. 2010.
［13］ 中华人民共和国水利部. 水库降等与报废管理办法（试行）. 2003.
［14］ 中华人民共和国水利部. 水利工程管理考核办法. 2008.
［15］ 中华人民共和国水利部. 病险水库除险加固工程项目建设管理办法. 2005.
［16］ 国务院办公厅. 水利工程管理体制改革实施意见（国办发〔2002〕45 号）. 2002.
［17］ 水利部建设与管理司. 关于加强中小型水库除险加固后初期蓄水管理的通知（水建管〔2013〕138 号）. 2013.
［18］ 水利部建设与管理司. 关于深化小型水利工程管理体制改革的指导意见（水建管〔2013〕169 号）. 2013.
［19］ 水利部规划计划司. 进一步加强小型病险水库除险加固工程初步设计工作的技术要求（水规计〔2013〕202 号）. 2013.
［20］ 水利部建设与管理司. 关于加强水库大坝安全监测工作的通知（水建管〔2013〕250 号）. 2013.
［21］ 水利部建设与管理司. 关于进一步明确和落实小型水库管理主要职责及运行管理人员基本要求的通知（水建管〔2013〕311 号）. 2013.
［22］ 水利部建设与管理司. 关于加强小型病险水库除险加固项目验收管理的指导意见（水建管〔2013〕178 号）. 2013.
［23］ 水利部建设与管理司. 小型水库土石坝主要安全隐患处置技术导则（试行）（水建管〔2014〕155 号）. 2014.
［24］ 水利部建设与管理司. 关于开展河湖管理范围和水利工程管理与保护范围划定工作的通知（水建管〔2014〕285 号）. 2014.
［25］ GB 50201—2014 防洪标准［S］. 北京：中国计划出版社，2014.
［26］ SL 106—96 水库工程管理设计规范［S］. 北京：中国水利水电出版社，1996.
［27］ SL 258—2000 水库大坝安全评价导则［S］. 北京：中国水利水电出版社，2001.

[28] SL 551—2012 土石坝安全监测技术规范 [S]. 北京：中国水利水电出版社，2012.

[29] SL 169—96 土石坝安全监测资料整编规程 [S]. 北京：中国水利水电出版社，1997.

[30] SL 601—2013 混凝土坝安全监测技术规范 [S]. 北京：中国水利水电出版社，2013.

[31] SL 210—2015 土石坝养护修理规程 [S]. 北京：中国水利水电出版社，2015.

[32] SL 230—2015 混凝土坝养护修理规程 [S]. 北京：中国水利水电出版社，2015.

[33] 水利部水利建设与管理总站. 小型水库管理 [M]. 北京：中国计划出版社，2003.

[34] 浙江省水利厅，浙江省水利河口研究院. 小型水库抢险实用技术与案例 [M]. 北京：中国水利水电出版社，2009.

[35] 张士君，董福平. 小型水库的安全与管理 [M]. 北京：中国水利水电出版社，2005.

[36] 水库管理指南编委会. 水库管理指南 [M]. 南京：河海大学出版社，2012.

[37] 陈良堤. 水利工程管理 [M]. 北京：中国水利水电出版社，2006.

[38] 大坝安全管理与病险水库除险加固新技术规范编委会. 大坝安全管理与病险水库除险加固新技术规范 [M]. 北京：新华出版社，2012.

[39] 帅移海. 水利工程白蚁防治技术 [M]. 武汉：华中师范大学出版社，2013.

[40] 肖翔. 病险水工程裂缝修补技术 [M]. 北京：中国水利水电出版社，2009.

[41] 袁群. 混凝土碳化理论与研究 [M]. 郑州：黄河水利出版社，2009.

[42] 黄力强. 水利精细化管理系列丛书 管理标准体系 [M]. 北京：中国水利水电出版社，2009.

[43] 刘玉宝. 水利精细化管理系列丛书 流程管理体系 [M]. 北京：中国水利水电出版社，2008.

[44] 水利部水利管理司，中国水利学会水利管理专业委员会. 小型水库管理丛书 安全检查与加固 [M]. 北京：中国水利水电出版社，1994.

[45] 水利部水利管理司，中国水利学会水利管理专业委员会. 小型水库管理丛书 运行管理 [M]. 北京：中国水利水电出版社，1994.

[46] 水利部水利管理司，中国水利学会水利管理专业委员会. 小型水库管理丛书 防汛与抢险 [M]. 北京：中国水利水电出版社，1994.